生活烫发

职业教育美发专业 系列教材

图文视听一体
岗课赛证融通
校企合作共建

徐勇 主编

西南大学出版社
国家一级出版社 全国百佳图书出版单位

图书在版编目(CIP)数据

生活烫发 / 徐勇主编. -- 重庆：西南大学出版社，2023.8
ISBN 978-7-5697-1399-2

Ⅰ.①生… Ⅱ.①徐… Ⅲ.①理发-造型设计 Ⅳ.①TS974.21

中国版本图书馆CIP数据核字(2022)第222600号

生活烫发
SHENGHUO TANGFA

徐 勇 主编

总 策 划	杨 毅　杨景罡
执行策划	钟小族　路兰香
责任编辑	钟小族　张燕妮
责任校对	鲁 艺
整体设计	魏显锋
排　　版	陈智慧
出版发行	西南大学出版社
	重庆·北碚　邮编：400715
印　　刷	重庆市国丰印务有限责任公司
幅面尺寸	185mm×260mm
印　　张	7.25
字　　数	121千字
版　　次	2023年8月　第1版
印　　次	2023年8月　第1次
书　　号	ISBN 978-7-5697-1399-2
定　　价	49.90元

本书如有印装质量问题，请与我社市场营销部联系更换。
市场营销部电话：(023)68868624　68367498

编委会

主 任： 孙玉伟

副主任： 张鹏　刘靓

委 员： 闫桂春　廖亚军　李强
　　　　　田义华

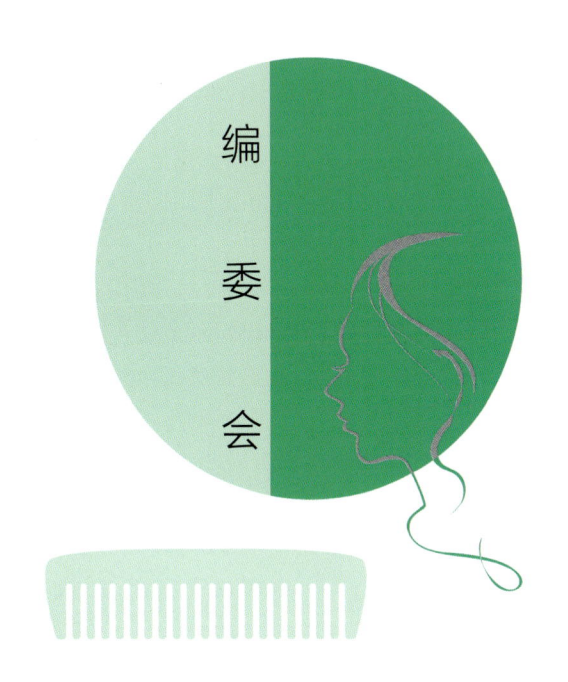

主 编： 徐勇

副主编： 张小青　罗莎莎　沈雪

编写者： 邓燚　何烨　沈雪
　　　　　张小青　罗莎莎　徐勇
　　　　　彭睿

教学参考资源

序言

美发是极具生命力和青春气息的现代服务业之一,因其为广大民众日常生活所需,逐渐成为新兴服务业中的优势行业。千姿百态的发型,或体现优雅高贵,或体现干练率性,美发师要创作出不同的发型,既要有丰富的想象力,也要掌握发式设计与造型的基本原理,具备扎实的操作技能。

在我国,职业学校(含技工学校)是培养美发专业人才的主要场所,国家专门制定了美发师国家职业技能标准,规范人才培养模式,提升人才专业技能。行业性的、国家性的、国际性的美发专业技能大赛开展得热火朝天,比赛中人才辈出。为更好推进美发行业高质量发展,大力提高美发从业人员的学历层次,培养具有良好职业道德和较强操作技能的高素质专业人才成为当务之急。有鉴于此,我们依据美发师国家职业技能标准,结合职业教育学生的学习特点,融合市场应用和各级技能大赛的标准编写了该套"职业教育美发专业系列教材"。

"职业教育美发专业系列教材"共6本,涉及职业教育美发专业基础课程和核心课程。《生活烫发》为烫发的基础教材,共5个模块18个任务,既介绍了烫发的发展历史、烫发工具、烫发产品的类别及使用等基础知识,又介绍了锡纸烫、纹理烫、螺旋卷烫等基本发型的操作要点。《头发的简单吹风与造型》是吹风造型的基础教材,由4个模块13个任务组成,依次介绍了吹风造型原理、吹风造型的必备工具和使用要点、吹风造型的手法和技巧以及内扣造型等5个典型女士头发吹风造型的关键操作步骤。《生活发式的编织造型》为头发编织造型的基础教材,共4个模块15个任务,除了介绍编织头发的主要工具和产品等基础知识,还介绍了二股辫、扭绳辫、蝴蝶辫等典型发型的编织方法。《商业烫发》《商业发型的修剪》《商业发式的辫盘造型》较前3本而言专业性更强,适合有一定专业基础的学生学习,可作为专业核心课程教材使用。

教材编写把握"提升技能,涵养素质"这一原则,采用"模块引领,任务驱动"的项目式体例,选取职业学校学生需要学习的典型发型和必须掌握的训练项目,还原实践场景,将团结协作精神、创新精神、工匠精神等核心素养融入其中。在每个模块中,明确提出学习目标并配有"模块习题",让学生带着明确的目标进行学习,在学习之后进行复习巩固;在每个任务中,以"任务描述""任务准备""相关知识""任务实施""任务评价"的形式引导学生在实例分解操作过程中领悟和掌握相关技能、技巧,为学生顺利上岗和尽快适应岗位要求储备技能和素养。

教材由校企联合开发,作者不仅为教学能手,还具有丰富的比赛经验、教练经验。其中,三位主编曾先后获得"第43届世界技能大赛美发项目金牌""国务院特殊津贴专家""全国青年岗位技术能手""全国技术能手""中国美发大师""全国技工院校首届教师职业能力大赛服务类一等奖"等荣誉,被评为"重庆市特级教师""重庆市技教名师""重庆市技工院校学科带头人、优秀教师""重庆英才•青年拔尖人才""重庆英才•技术技能领军人才",受邀担任世界技能大赛美发项目中国国家队专家教练组组长、教练等。教材编写力求创新,努力打造自己的优势和特色:

1. 注重实践能力培养。教材紧密结合岗位要求,将学生需要掌握的理论知识和操作技能通过案例的形式进行示范解读,注重培养学生的动手操作能力。

2. 岗课赛证融通。教材充分融入岗位技能要求、技能大赛要求,以及职业技能等级要求,满足职业院校教学需求,为学生更好就业做好铺垫。

3. 作者团队多元。编写团队由职业院校教学能手、行业专家、企业优秀技术人才组成,校企融合,充分发挥各自的优势,打造高质量教材。

4. 视频资源丰富。根据内容不同,教材配有相应的微课视频,方便老师授课和学生自学。

5. 图解操作,全彩色印制。将头发造型步骤分解,以精美图片配合文字的形式介绍发式造型的手法和技巧,生动地展示知识要点和操作细节,方便学生模仿和跟学。

本套教材的顺利出版得益于所有参编人员的辛劳付出和西南大学出版社的积极协调与沟通,在此向所有参与人员表达诚挚谢意。同时,教材编写难免有疏漏或不足之处,我们将在教材使用中进一步总结反思,不断修订完善,恳请各位读者不吝赐教。

目录

模块一　烫发基础知识　/1
任务一　初识烫发的发展史　/3
任务二　烫发的认识　/6
模块习题　/10

模块二　烫发工具和产品的认识及使用　/11
任务一　烫发工具的认识与运用　/13
任务二　烫发产品的认识与运用　/17
任务三　冷烫的运用　/22
任务四　热烫的运用　/28
任务五　顺直的运用　/33
模块习题　/38

模块三　头发的排杠　/39
任务一　上卷方式的认识　/41
任务二　标准杠的卷发　/45
任务三　标准砌砖杠的卷发　/54
任务四　标准竖杠的卷发　/59
模块习题　/64

模块四　头发的卷烫　/67
任务一　锡纸烫的卷发　/69
任务二　定位纹理烫的卷发　/73
任务三　经典大花烫的卷发　/79
任务四　螺旋烫的卷发　/84
模块习题　/89

模块五　烫发的设计　/91
任务一　烫发与剪发之间的联动性设计　/93
任务二　洛丽塔发型的修剪与分区　/97
任务三　洛丽塔发型的卷烫　/101
模块习题　/108

模块一　烫发基础知识

学习目标

知识目标

1. 能根据烫发发展史,熟练地表述不同时期的烫发方法。
2. 能根据烫发操作图片,判断烫发方法产生的历史时期。
3. 能流畅地叙述烫发的作用与原理。

技能目标

1. 能根据顾客情况,制订烫发方案。
2. 能运用多种媒介,采集、提炼、整理关于头发构造的知识。

素质目标

1. 培养信息素养,能充满自信地自主搜集信息解决问题。
2. 理解并逐步形成敬业、精益、专注、创新的工匠精神。

模块一　烫发基础知识

任务一　初识烫发的发展史

任务描述

小美是一家美发沙龙的助理。由于刚开始接触烫发,她对烫发既感到好奇又有许多疑问,如烫发的起源、烫发机的发明等,她都很想多了解一些相关知识。

任务准备

1. 查询烫发的由来和各个历史时期的烫发方法。
2. 收集各历史阶段的人物发型资料。

相关知识

一、烫发的起源

据说埃及是世界上最早发明烫发的地方。古埃及的妇女把头发卷在木棒上,然后涂上含有大量硼砂的碱性泥,在日光下晒干,再把泥洗掉,头发便会出现美丽的涡卷。

1872年前后,法国美容师马鲁耶鲁在巴黎发明了用火钳烫发的技术,在有的地方至今还有市场。

1900年前后,威亚尔兹·内斯拉在英国伦敦发明了新的烫发技术,把头发排卷在铁棒上,然后涂上重亚酸钠等药物,再用火卡子加热。这种方法能使头发的弯曲保持得较长久。

3

生活 烫发

1905年，德国人内斯拉发现，用碱液洗发能使卷发保持较长时间，甚至能保持到生长出新发，因此被人称为"永久卷曲"。

电烫技术据说是美国美容师查尔斯·奈恩勒发明的，也有人说，大约在1933年，法国人改用通电后加热的卡子，放在头发上就切断电源，这样就不必担心烧焦头发。在同一时期，还有人将生石灰在水中溶解，利用所产生的热来烫发，但未能推广开来。

1937年，英国人杰·斯匹克曼开始采用水烫法。他先用碱水使头发变软，做好发型，再用酸性溶液与碱中和，把发型固定下来。这种化学烫发方法被称为"冷烫"。（见图1-1-1）

图1-1-1 冷烫

二、烫发机的出现

对于爱美的女士来说，1906年是重要的一年。来自德国黑森地区托特瑙市的卡尔·内斯勒发明了烫发机。1906年10月8日，在英国伦敦牛津大街的一个发艺沙龙里，内斯勒首次公开展示了他的第一台烫发机。后来，人们尊称他为"烫发之父"。（见图1-1-2）

这种利用电热烫发的器材，体积非常庞大。烫发者要头顶黄铜制的重达2磅（1磅≈0.45千克）的烫发夹，坐6个小时以上，才能拥有美丽的卷发。虽然既

图1-1-2 第一台烫发机

4

耗时又费钱,但仕女名媛仍趋之若鹜。巴黎的女人为获得内斯勒亲手烫的卷发,甚至不惜付出高额报酬。

三、烫发传入中国

第二次世界大战后,利用电热烫发的技术传入日本,又由日本传到中国。

20世纪70年代,烫发在上海兴盛起来,逐渐传至全国各大城市,中国的发式进入一个新的历史时期。

80年代以来,烫发在我国全面盛行,其中又以爆炸式为主要代表。

任务实施

根据对烫发历史的认识,小组合作讨论,然后派代表叙述各个时期的重要人物和烫发工具的发展。

任务评价

任务评价卡

	评价内容	分数	自评	他评	教师点评
1	能叙述各个时期著名的历史人物	10			
2	能熟练地表述烫发的发展史	10			
3	能根据不同的烫发操作图片,判断其历史时期	10			
	综合评价				

生活 烫发

任务二　烫发的认识

任务描述

丽莎是一名教师,她的头发属于自然卷,经常都是乱乱的。她为此觉得很苦恼,于是来到美发沙龙寻求帮助。美发师建议她烫发来改变头发的发性。那么,烫发会让丽莎的头发发生什么变化呢?

任务准备

1. 收集资料,了解烫发给人们带来的好处有哪些。
2. 自主学习头发的构造,并能叙述各种键的特点。
3. 能流畅地表述烫发时头发的变化过程。

相关知识

一、烫发的作用

烫发可以增加头发的体积、层次及发量感,改变毛发流向及发根的角度,修饰骨骼和脸型,弥补头型的不足,软化发质,让细头发变得有弹力,粗头发变得柔顺,使头发有可塑性和变化性。烫发既可以改变个人的外观形象,也会改变社会审美的主流,创造时尚焦点。

二、烫发的基本原理

(一)头发的组成

头发由角化的角质细胞组成。角质细胞内绝大部分是角蛋白,由约20种氨基酸和5种基本元素(碳、氧、氮、氢、硫)组成,并由盐键、氢键、氨基键和二硫化物键相互连接。

1.盐键(见图1-2-1)。盐键决定头发的健康程度。当盐键的pH值受到破坏时,头发会出现干枯、无光泽、起静电等现象。头发的pH值为4.5~5.5时,毛鳞片合拢最紧,是头发最健康的时候。要修护头发的毛鳞片,就要采用含酸性成分的护发产品。让头发带有负电,也能收紧毛鳞片(如使用带有负离子的吹风机)。

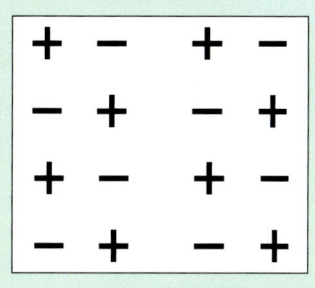

图1-2-1 盐键

2.氢键(见图1-2-2)。"H"代表氢键。在135°高温下,氢键会产生记忆性。在操作一次性电棒造型时,让头发产生卷度,就是利用氢键在高温下产生记忆(但发型卷度维持时间不久)。陶瓷烫就是采用化学药剂改变头发里的氢键,再加温让氢键产生记忆,最后冷却,采用药剂定型,变成持久性的卷度。头发在干燥的情况下,卷度弹性很好,而氢键决定头发的柔顺度。

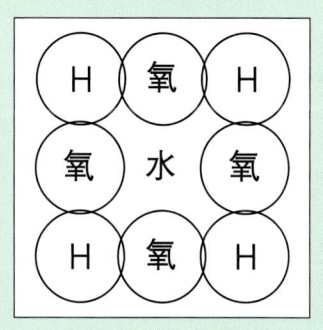

图1-2-2 氢键

3.氨基键。氨基键决定头发的张力和弹性,细软的头发里不存在,只有粗硬的头发才有。细软的头发烫不卷或者是弹性不好,就是因为没有氨基键。所以,在烫细软头发时可加入氨基酸,增加头发的弹性。粗硬的发质弹性很好,但缺少水分,在烫发时可加入保湿因子,增加光泽和柔顺度。

4.二硫化物键(见图1-2-3)。"S"代表二硫化物键。在头发里,它呈螺旋纤维体捆绳状。当"S"都为"正电"时,链键是松开的,头发开叉就是这个

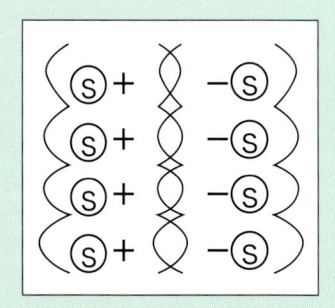

图1-2-3 二硫化物键

7

原因。它是头发链键组织中最牢固的一个链键。只有烫发药水的第一剂才能将其切断,再用药水的第二剂把链键组合起来,所以烫发就是利用二硫化物键来制造想要的花型和卷度,并决定头发的弹性。

(二)烫发用品及其主要成分

1.烫发药水。主要成分为胱氨酸或阿摩尼亚,其作用是使毛鳞片软化与膨胀,但使用过度会造成毛发结构松弛、多孔、无弹性。

2.中和剂。主要成分为溴酸钠或双氧水,其作用是使头发的卷度在新的位置得到固定,但使用过度会造成毛发干燥、开叉、断裂、颜色变浅等。

(三)烫发中头发的变化过程

以冷烫为例。在烫发药水的还原作用下,大约有45%的二硫化物键被切断变成单硫键。这些单硫键在卷芯直径与形状的影响下产生挤压,从而导致移位,留下许多空隙。中和剂里的氧化成分进入发体后,在这些空隙中膨胀变大,使单硫键无法回到原来的位置。于是两个相邻的单硫键重新组成一组新的二硫化物键,导致头发中原来的二硫化物键产生角度变化,从而使头发变卷。(见图1-2-4)

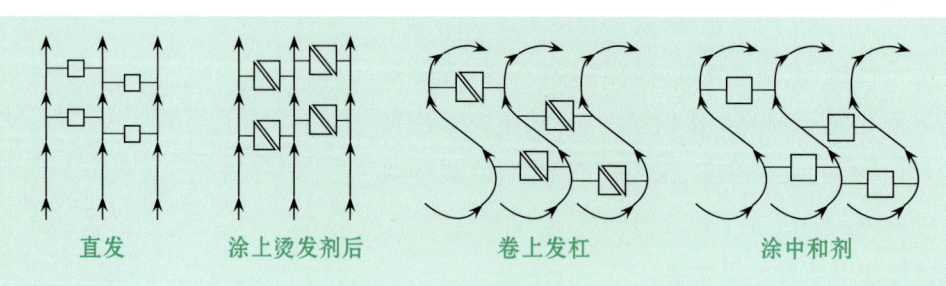

图1-2-4 头发的变化过程(直发、涂上烫发剂后、卷上发杠、涂中和剂)

原理:使用阿摩尼亚打开毛鳞片,进入皮质层切断二硫化物键,再通过烫发工具,改变链键结构,然后固定链键使之成型。它是化学能和物理作用的结合,使头发的形状、性质产生变化。

过程:裂变反应→迫使移位→元键重组→位置固定。

(四)烫发原理

打开毛鳞片→膨胀蛋白质→切断二硫化物键串联多肽锁链→迫使移位→形成新键→连接新的二硫化物键串多肽锁链→平衡pH值→关闭毛鳞片。

任务实施

1. 通过调查，了解生活中人们对烫发的感受，据此找出适合丽莎的烫发效果。
2. 小组合作，以角色扮演的方式，熟练地讲述烫发时头发的变化过程。

任务评价

任务评价卡

	评价内容	分数	自评	他评	教师点评
1	能叙述烫发的作用	10			
2	能流畅地表述烫发的原理	10			
3	能举例说明不同类型的顾客情况；能根据顾客的需求提出相应的建议	10			
	综合评价				

模块习题

一、单项选择题

1.( )发明了第一台烫发机?
A.威亚尔兹·内斯拉　　　　　B.内斯拉
C.查尔斯·奈恩勒　　　　　　D.卡尔·内斯勒

2.大约在1933年,( )发明了新的烫发方法,即用通电后加热的卡子,放在头发上就断开电源,这样就不会烧焦头发。
A.法国人　　　B.英国人　　　C.美国人　　　D.日本人

3.20世纪( )年代,烫发在我国全面盛行。
A.60　　　　　B.70　　　　　C.80　　　　　D.90

4.在烫发中,( )会因为化学反应让头发永久变卷。
A.盐键　　　　B.氢键　　　　C.氨基键　　　D.二硫化物键

5.头发的pH值为( )时,是头发毛鳞片合拢最紧、最健康的时候。
A.3～4.5　　　B.4.5～5.5　　C.7.5～8.9　　D.8.9～11.5

二、判断题

1.1806年,卡尔·内斯拉在伦敦首次公开展示了他的新技术——第一台烫发机,人们尊称他为"烫发之父"。　　　　　　　　　　　　　　　　( )

2.1937年,英国人杰·斯匹克曼在美国开始采用水烫法。　　( )

3.盐键、氢键、氨基键、二硫化物键四个链键遇水即断开,遇高温重组。( )

4.烫发剂主要成分为胱氨酸或阿摩尼亚,它们的作用是使毛鳞片软化或膨胀。　　　　　　　　　　　　　　　　　　　　　　　　　　　　( )

三、综合运用题

请根据烫发的原理,叙述头发从直发永久变卷发的过程。

模块二　烫发工具和产品的认识及使用

学习目标

知识目标

1. 能够认识烫发工具的种类并了解其用途。
2. 能够辨别烫发剂的种类。

技能目标

1. 会运用烫发的加热工具和辅助工具。
2. 能够在烫发前对发质做出准确分析与判断。
3. 会完整操作整个冷烫流程。
4. 能熟练地完成热烫流程。
5. 能够按照美发师行业标准,规范地运用顺直技法。

素质目标

1. 培养健康的体魄、心理和健全的人格,养成良好的卫生习惯。
2. 理解并逐步形成敬业、精益、专注、创新的工匠精神。

任务一 烫发工具的认识与运用

任务描述

小杰是美发沙龙的助理,美发师安排他为李奶奶烫发,要求能够让李奶奶的头发显得多而且饱满。但是小杰不清楚需要用什么样的杠具进行烫发。

任务准备

1. 自主学习烫发工具的种类及其用途。
2. 准备烫发时所需要的加热工具和辅助工具。

相关知识

一、主要工具

烫发中常用到的工具,主要包括烫发杠、烫发纸、烫发梳、烫发剂涂抹工具、固定工具等。

(一)烫发杠

主要用来缠绕头发进行定型,形状各异,大小不同。美发师需要根据烫发的发卷大小和形状,选择合适的烫发杠(表2-1-1)。

表 2-1-1　常用烫发杠

类别	构造和功能	图片
圆柱形卷杠	●由塑料制成的圆柱形卷杠。 ●卷杠有多种型号,长度基本一致,底面半径不同,根据头发的长度和质感选用。其中,大号卷杠可以烫出"J"形、"C"形、"S"形发卷,小号卷杠可以烫出卷曲度较强的发卷。	
螺旋形卷杠	●由塑料制成的螺旋状卷杠。 ●烫后头发呈螺旋状,适合长发的卷烫。	
喇叭形卷杠	●由塑料制成的喇叭形卷杠。 ●烫后头发有明显的花型,大小不一,且较为蓬松。	
万能杠	●一般由胶皮或海绵制成,柔软轻便。 ●卷发形状多样,烫后头发有弹性。	
浪板烫夹板	●由波纹塑料制成的卷杠。 ●烫后头发呈现规则的波浪,适合长发的卷烫。	

(二)烫发纸

主要由棉花纸制成,能够渗透烫发剂。用作卷杠时,可以包裹发丝,从而方便上杠,同时保护发丝,使发卷光洁平整。

(三)烫发梳

主要由塑料制成,用于分区和分取发片。

(四)烫发剂涂抹工具

主要用来涂抹膏状烫发剂,常见的为烫发剂发刷。

（五）固定工具

主要用来固定发卷。烫发常用的固定工具有定位夹、皮筋陶瓷烫专用夹等。陶瓷烫专用夹须与羊毛毡配套使用,防止在发卷上留下痕迹。

二、加热工具

加热工具在热烫过程中用来对软化后的头发进行加热,以加快软化时间。常见的烫发加热工具有烫发机、烫发器等。

三、辅助工具

烫发的辅助工具主要有烫发围布、烫发毛巾、棉花条、肩托、保鲜膜（或塑料发帽、纱帽等）、烫发工具车、刘海贴等（表2-1-2）。

表2-1-2　常用辅助工具

名称	说明	图片
烫发围布	● 围在顾客身上,防止烫发剂滴落在顾客身上。 ● 以较深的颜色为主。	
烫发毛巾	● 一般为干毛巾,用于隔离颈部的衣服,避免烫发剂渗透到衣服上。 ● 以较深的颜色为主。	
棉花条	● 一般在涂抹烫发剂前,沿发际线围在顾客头部,防止烫发剂流出伤害顾客皮肤。	
肩托	● 放在顾客颈部,用于盛接烫发剂,防止其滴落在顾客衣服上。	
保鲜膜（或塑料发帽、纱帽等）	● 保鲜膜或塑料发帽用于加热时包裹头发,将头发与空气隔离,使其保持湿润。 ● 纱帽用于涂第二剂时,戴在顾客头上,使第二剂充分、均匀地涂在头发上。	

15

生活 烫发

（续表）

名称	说明	图片
烫发工具车	●用来盛装烫发工具，方便美发师进行烫发操作。	
刘海贴	●透明烫发遮面罩，贴在额头上方，防止烫发剂滴落于脸部。	

任务实施

根据对烫发工具的类别及其用途的认识，逐步完成下面的任务：

1. 分析李奶奶的需求，选择适合她的年龄和烫发效果的标准卷杠。
2. 小组合作，用角色扮演的方式，做好李奶奶烫发前的防护措施。
3. 整理好工位，摆放好用具。

任务评价

任务评价卡

	评价内容	分数	自评	他评	教师点评
1	能辨别所有的杠具	10			
2	能说出不同工具的用途	10			
3	能根据案例，做好烫前的防护与准备	10			
	综合评价				

任务二　烫发产品的认识与运用

任务描述

小杰为李奶奶选择好杠具后,是应该先卷头发还是先涂药水?药水应该选择正常的、抗拒性的还是修复性的?这些问题都让他感到困惑。

任务准备

1. 收集烫发时可能遇到的各种发质的头发。
2. 自主学习烫发剂的类别。

相关知识

一、烫发前的发质分析

美发师在为顾客提供烫发服务时,先要对顾客的发质进行分析,根据分析结果和顾客的烫发需求做好准备工作,再进行合理的烫发操作,从而将烫发给头发带来的损害降到最低。

(一)发质的分类

具体而言,美发师需要对顾客头发的粗细、长度、发量、分布疏密度、色泽、受损情况、弹性及头皮油脂分泌情况进行分析,以确定顾客的发质类别。一般情况下,头发的发质可分为四类。具体见表2-2-1。

表2-2-1　常见发质

发质类别	发质特征	烫发中易出现的问题
抗拒性发质	头发弹性极好,光泽度强、乌黑亮丽,发量多且粗硬。	头发软化速度过慢; 卷度易卷,持久性强。
健康性发质	头发弹性好,表面光滑,发质较抗拒,发色略浅,发量多。	头发软化速度慢; 卷度易卷,持久性强。
受损性发质	头发易断,光泽度差,触感干涩,发梢分叉,颜色枯黄。	头发软化速度过快; 卷度偏大,持久性差。
极度受损性发质	头发易断,无弹性,无光泽,触感干涩、枯燥,发梢分叉。	软化时容易出现头发褪色现象; 软化速度过快,软化测试不准确。

如果顾客的头发为受损性发质,美发师须为顾客进行烫前护理工作,以充分滋养头发,有效防止烫后发质变得更为干枯、无光泽。(见图2-1-1)

要求1　须在烫发前若干天为顾客涂抹滋养液,增强头发的营养,并做好保湿的工作。

要求2　在为顾客洗发时,须选择酸性或中性的洗发水,用量以洗净为宜,且清洗时间不易过长。

要求3　在洗发时,清洗动作须轻柔,且用指腹抓洗头发,不能用指甲抓挠头皮。

要求4　在洗发时,不能使用护发素等护发产品,防止影响卷烫效果。

图2-1-1　洗发时的要求

(二)头发的弹性与韧性

头发的弹性与韧性是决定烫发时间长短的主要因素之一。弹性是指头发伸展与收缩的能力,一般而言,弹性强则韧性也强。弹性弱,则烫发时间短,头发容易烫卷,但易变直;弹性强,则烫发时间长,但不易变直,能维持较长的时间。测试弹性与韧性的方法如下:

1.用手掌抓握一束头发(发根至发尾均在手掌内),根据手掌松开与握紧的感觉(坚硬或柔软)判断头发的弹性与韧性。

2.用两手的拇指与食指分别捏住一根头发的两端,然后缓慢拉扯或放松,使头发伸展或收缩,根据伸展长度与收缩情形,可判断头发的弹性与韧性。若伸展速度慢、长度长,不易断裂,收缩速度快,且头发不易变形,则表示弹性强。若伸展速度快、长度短,容易断裂,收缩速度慢,且缩短后易变形,则表示弹性弱。

一般来说,正常的头发伸展长度可达头发长度的1/3,潮湿的头发伸展长度可达头发长度的1/2。

(三)头发的颜色

头发颜色的深浅与发孔的多少有密切的关系。一般来说,颜色深黑者,发孔少,表皮层的光泽度佳。颜色浅淡者,发孔多,表皮层较无光泽。头发颜色深黑,光泽度较好者,不易烫卷,烫发时间较长;头发颜色浅淡,光泽度差者,容易烫卷,烫发时间较短。

二、烫发剂

美发师须根据顾客的发质情况、过敏情况及烫发需求,选择合适的烫发剂(也称烫发液、烫发药水)。在烫发服务中,常见的烫发剂一般由第一剂和第二剂组成。在特殊情况下,可增加护理液、营养膏等作为第三剂。

(一)冷烫

1.第一剂。在烫发服务中,烫发剂的第一剂又称为软化剂,主要用来切断头发中的二硫化物键,从而改变头发的物理性状。根据第一剂的酸碱性不同,通常可分为碱性烫发剂、微碱性烫发剂和酸性烫发剂三类(见表2-2-2)。

表2-2-2　烫发剂第一剂的类别与特征

类别	特征
碱性烫发剂pH值的写法	pH值一般为9以上，主要成分为硫代乙醇酸，适用于发质比较粗硬或未经烫染的头发。
微碱性烫发剂	pH值一般在7～8之间，主要成分为碳酸氢铵，适用于发质正常的头发。
酸性烫发剂	pH值一般在6以下，主要成分为碳酸铵，适用于发质受损的头发。

2.第二剂。第二剂又称定型剂，其主要成分为溴酸钠或过氧化氢，用来将断开的二硫化物键还原，从而形成稳定的结构，使发生卷曲的头发定型。

3.第三剂。美发师须根据烫发剂的性质及顾客的发质情况，选择适当的护理液、营养膏等产品作为第三剂涂抹在顾客的头发上，以充分滋养顾客的头发，防止头发受损过度。

（二）热烫

热烫产品的化学成分类似于酸性冷烫剂，能带来相同的益处。唯一的区别在于热烫的产品须靠热来催化，所以两溶剂混合后，会自行产生热，无须借助加速器或大风机。

三、烫发安全操作

（一）对顾客的安全保护

1.烫发前须了解顾客的过敏史，为顾客做皮肤测试，如果有刺痛、肿胀感甚至灼伤感，便不能烫发。

2.烫发前须检查头发及头皮状况。头皮有损伤，头发脆弱、损伤严重、干枯、缺乏弹性，都不应烫发。如果没有上述问题，则根据头发的属性（如幼发、中等发、粗发，多孔或具抗拒性等）选择合适的产品。

烫发时，烫发剂务必远离顾客的眼睛和皮肤。如果烫发剂进入顾客的眼睛，应尽快用棉球加冷水清洗，直到疼痛感消失为止。如果不小心溅到顾客身上或者衣服上,应第一时间用水洗掉。很多烫发剂、中和剂的产品说明看起来十分相似,但不能弄混。

(二)自我保护

保护顾客的同时,也要保护好自己。烫发前应仔细阅读产品说明,按要求操作,穿戴并使用橡皮手套、防水围裙。工作前将防过敏霜涂抹在双手上。

任务实施

小组合作,分析各组人员发质的情况。派代表扮演顾客,选择适合该顾客发质的烫发剂。

任务评价

任务评价卡

	评价内容	分数	自评	他评	教师点评
1	能叙述生活中常见的发质类别及特征	10			
2	能辨别烫发剂的种类	10			
3	能根据不同发质和顾客的需求,选择适合的烫发剂	10			
	综合评价				

生活 烫发

任务三　冷烫的运用

任务描述

美发沙龙来了一位王阿姨,她的头发细软且稀少,想通过烫发来增加头发的量感,要求美发师为她推荐适合的烫发方法。

任务准备

1. 自主学习冷烫的优缺点。
2. 收集资料,了解冷烫的流程以及可能遇到的问题。

相关知识

一、冷烫的原理

冷烫液的第一剂中含有还原剂,能够打开头发中蛋白链之间的二硫化物键,使头发失去固定形状,从而能够重新进行造型。头发缠绕了卷杠后,适时施加第二剂,氧化作用可以使蛋白链间的二硫化物键重新就近组合,使新的形状得以固定。

早期的烫发剂通常使用氨水调节 pH 值,以帮助打开头发的毛鳞片,加速反应,因此烫发液有明显的臭味,烫好的头发也常常有一股难闻的味道。现在的烫发剂已较多采用酸性配方,避免了上述缺点。

二、冷烫的优缺点

冷烫具有比较明显的特点。其优点主要有:

1. 条件限制比较少。冷烫不需要大型仪器,便于美发店使用,甚至家庭也可操作。

2. 造型变化比较多。冷烫一般不需要加热。即使要加热,也仅仅是为了加快烫发过程而进行简单的外部加热。因此,冷烫有大量的花式造型方法,如锡纸烫、烟花烫、喇叭烫、辫子烫、定位烫等。

3. 过程简单。冷烫的技术要求相对较低,一般仅需要针对不同发质选择合适的烫发水,控制好第一剂的时间,注意观察即可。

冷烫的缺点主要有:

1. 对发质的依赖比较大。发质细软或发质较差的头发冷烫后容易返直,烫发容易过度;粗硬的头发不容易烫卷。

2. 对发质有一定程度的损伤,特别是锡纸烫、烟花烫之类小卷烫发,由于对头发的扭拧过度,很容易出现头发发黄、干枯的现象。

3. 打理不便。冷烫的一大特点是湿发时卷度明显,干发时则有不同程度的返直,因此,中大卷的冷烫通常在洗发后需要以造型用品(如发蜡、啫喱水等)帮助定型,或者重新吹风造型。

三、冷烫的步骤

国际标准的冷烫一般包含以下步骤。

(一)识别顾客发质

健康且富有弹性的头发烫后效果最好。

(二)诊断分析

发质:一般有幼细、正常、粗壮三种发质。

发况:从根部、中部、发梢来了解。

★要了解是健康的、吸水性的,还是受过化学处理的。

★烫发剂的选择:根据抗拒性、正常性、受损性来选择。

(三)分析卷发时的湿度

有三种情况,以第三种为好:A.太干,吸收冷烫液的能力会降低;B.太湿,会稀释冷烫液,不利于其渗透进毛发;C.适度,洗发后用毛巾擦干水分,此时头发表皮膨胀,吸收情况最佳。

(四)卷发前后施放冷烫液的选择

以头发长度为准,15厘米以内,先卷杠,后施放冷烫液;15厘米以上,先施放冷烫液,后卷杠。

好处:卷发时不会过度拖曳头发;减少对操作者手指的刺激性;均匀发卷效果;缩短卷发时间;操作简便且较为规范。

(五)选择发芯

根据头发卷度的需求决定发芯的大小(直径),并判断发芯的质量好坏(如橡皮筋的弹性、发芯有无尖角、发芯的总量等)。

(六)分区、分束

分区:头发的长度和宽度应和发芯的长度和宽度成正比。

分束:每一束头发的宽度应比发芯的长度略小一点。

发束过宽将使头发的根部无波纹。分束做得不好,将影响到最后的发式,因为头发的根部彼此纠缠。

发束过窄将使发芯挤在一起,发卷不能平稳地紧贴根部,造成发卷不平均的现象。

(七)烫发纸的选择及正确操作

烫发纸在烫发中也是一个重要因素,要求大小适中,渗透性强,切忌使用塑料纸或油性纸。

正确的操作方法有折叠法和敞开法。

(八)正确地卷发

卷发时,要注意正确的角度和橡皮筋的正确位置。

梳理每束头发的角度,将决定发根部所获得的弹性。要使发卷紧贴头皮,应大约保持120°。如果小于120°,发卷就不会紧贴头部,发根也不会有弹力。有特殊需求的烫发可小于120°。

(九)均衡上卷时的张力

一般来说,张力越大头发越卷(受损发除外)。以最均匀、最一致的拉力为宜,不一致的拉力会导致不一致的卷曲。

(十)控制发芯数量

发芯的数量应根据头型的大小和头发的密度来决定。数量太少会导致卷度较少且不持久,波纹不均匀,发梢太卷,发根太直。

(十一)正确地施放冷烫液

分两次施放。第一次施放少许(为减少头发的张力),第二次施放充足,从颈部开始向上施放。

(十二)调节环境温度

根据季节和室内的特定条件,一般15分钟左右调节1次。如果要加速化学变化,时间应该减半。

(十三)停放时间及方法

停放时间根据发质、药水和发型而定。方法主要有:
A.不戴帽,无覆盖,适合于烫具有高度吸湿性的头发或受损、漂白过的头发。
B.戴塑发帽或用保鲜膜。
C.采用远红外线时,一般为50℃,时间应减半,也要戴塑胶发帽或用保鲜膜。

(十四)试卷

试卷的时间尽量早一点。在不同部位退下两圈半发芯,反方向按向头皮看其反应。如果有一致的规律的波纹,便达到了理想的效果。

(十五)定型前冲水

用温水冲5分钟左右,将冷烫液彻底冲净。第一剂冲水时水温越高,波浪越卷;第二剂水温越低,波浪越不卷。

(十六)擦干多余的水分

水分过多会稀释定型剂,阻碍吸收,而且顾客会有不适的感觉,有时会有发烫的化学反应。

(十七)定型中和

定型中和的作用有三:(1)重组二硫化物键;(2)固定发卷;(3)改进表皮层,使膨胀后的表皮层收缩恢复原状。

应进行两次中和。第一次使用2/3的定型剂,带卷用海绵从颈部向上打出泡沫,10分钟后拆卷,再将余下的1/3定型剂均匀地施放在发梢部分。

(十八)烫后护理

施放护发素可以防止化学残留物对头发的伤害,恢复头发的天然酸罩,防止继续氧化,使头发易梳理。

定型中和后,头发内部结构过两三天才能完全稳定,应避免过大的拉力损伤发质和弹性。

(十九)烫发失败的原因及修正方法

表 2-3-1　烫发失败原因及修正方法

错误	原因	修正方法
头发卷度不够	头发太油,未洗净 定型不成功 卷杠用得太少,发芯选择过大 卷杠时,拉力不够 烫发剂效力太弱 中和剂涂抹不足 烫发时间不够 温度太低,使头发的某一部分不能完全地发生化学作用	用效力较弱的烫发剂重烫一次
局部没有烫着	分区太宽 角度不当或烫发剂放置不当 因疏忽,落下的头发未卷上 中和剂施加不均匀	重烫直发部位 注意:把其他区的头发固定好,使其远离烫发剂
太卷	烫发棒太小 药水的浓度太强	头发稍稍拉直一些
烫后头发干燥	烫发剂太强 烫发时热量用得太多,用力过大 卷杠太小	做一下护发处理并修剪头发,不要重烫,这样头发会断裂
发稍呈鱼尾状	卷发时操作不当,发稍没有被均匀地卷起来	剪掉
头皮或皮肤受损	产品接触到皮肤 隔离霜没有抹到皮肤敏感区 头皮上有伤口	用水冲洗,在受伤区域抹一些止痛药
头发断裂	卷发时过于用力,皮筋太紧或扭曲 产品太强,时间过长 对太脆的头发没有先加处理	建议进行护发处理

冷烫过程中的每个步骤都是非常重要的,其中一个环节失误,就会给整个烫发效果带来影响。完美的烫发效果必须从发型设计开始,灵活地运用各种烫发技巧,才能创作出更多更好的发型。

任务实施

1. 小组合作,分析王阿姨的头发的情况,并提出解决方案。
2. 各组派代表讲述方案设定的理由。
3. 以角色扮演的方式,演示冷烫的整个流程。

任务评价

任务评价卡

	评价内容	分数	自评	他评	教师点评
1	能叙述冷烫的原理及优缺点	10			
2	能完整地讲解整个冷烫的流程	10			
3	能根据规范要求,标准地涂抹冷烫液	10			
	综合评价				

任务四　　热烫的运用

任务描述

美发沙龙来了一位张姐,头发齐背,发质粗硬且多,之前做过冷烫。她认为头发不好打理,也不想经常做造型,喜欢自然的大卷。因此,她让美发师为她烫一款容易打理的大卷。

任务准备

1.收集资料,了解热烫的优缺点有哪些。

2.自主学习热烫的流程。

相关知识

热烫后,发型的波纹比较柔和。与冷烫不同,热烫在上卷杠前就要抹上烫发剂,之后再水洗。而且,热烫只需对要产生卷度的部位进行软化。热烫的基本程序如下。

一、了解必需的工具与药剂

在进行热烫前,先要了解一下必需的工具。

(一)加温卷杠与热烫机

热烫的卷杠同冷烫卷杠不同。热烫的卷杠可以利用热烫机进行加温。

（二）烫发剂与中和剂

热烫的药剂和冷烫基本上一样，包括具有还原作用的第一剂烫发剂和有氧化作用的第二剂中和剂，可根据头发受损的情形和发质来选择，如果产品本身有说明，一定要按照产品说明进行操作。

二、烫前准备

1. 选择与客人头发发质相对应的药水。

2. 选择卷杠的大小及其他必备的工具，如尖尾梳、烫发纸、皮筋、手套、黑围布、夹子、碗、刷子、耳套、肩托、棉条等。

3. 用洗发液洗发。

4. 根据设计意图修剪发型。

5. 将头发吹至八成干。

三、烫发流程

（一）判断发质

采用眼观和手感的方式进行。

（二）修剪

层次不可过厚，否则无花形；也不可太碎，否则会毛糙。烫后根据情况稍加修饰。

（三）软化

在热烫时，烫发水的涂抹对于完成效果有很大影响，因为只有软化的部位才能出现烫发的效果。配合设计在必要的地方软化头发即可，但要注意避开发根1厘米以上进行操作。

不同发质使用软化剂的方法见表2-4-1。

表 2-4-1　不同发质的软化剂使用

发质	软化剂的使用
抗拒性发质	需使用烫前处理剂,帮助打开毛鳞片,5~10分钟后冲水,吹至八九成干再上软化剂。
健康性发质	用原液进行软化。
受损性发质	根据受损程度添加PPT或抗热剂或平衡营养剂,调配药水,降低酸碱值。药水不可多于原液的一半,否则无药力。也可喷水稀释药剂。

注:PPT是指从植物中提取的水溶性活性氨基酸,在烫染过程中可以有效补充头发流失的水分和营养物质,填补头发空洞,降低烫染对头发的伤害。

(四)停留时间

视发质状况(如拉力、弹力)而定,不同发质的时间设定见表2-4-2。

表 2-4-2　不同发质的时间设定

发质	时间设定
抗拒性发质	25~35分钟
健康性发质	15~25分钟
一般受损性发质	5~10分钟
严重受损性发质	3~5分钟

(五)检测软化程度

检测时,将2~3根头发擦净药剂,能轻松拉到头发原长度的1~1.5倍,有轻微反弹,视为软化成功。也可将3~5根头发擦净药剂,打成空心圈放在掌心,看是否弹回,若未弹回则视为软化成功。不同发质的软化程度见表2-4-3。

表 2-4-3　不同发质的软化程度

发质	软化程度
抗拒性发质	软化程度80%~90%
健康性发质	软化程度80%
受损性发质	软化程度60%

（六）冲水

冲水后不可高温吹，要用大齿梳梳理，低温吹。

（七）卷杠

1.卷杠型号依发型需要而定，提升角度依发型设计或头型而定，一般为30°以下，15°以上，要有层次感，呈阶梯式。

2.发片要保持七八分湿，并均匀分布。手要紧，用力均匀。

3.用两张干发纸夹住发片，落杠后包上羊毛毡，用夹子固定，上伸缩带悬挂。上机前检查每根卷杠是否完全对接好。

卷杠有以下几种形式：

横向卷：以横向发片的形式，拉引出发片后平卷。这种方式能够做出最大幅度的卷度。

外卷：以横向发片的形式拉出发束向外卷，使头发产生外翻波纹。

纵向卷：以横向发片的形式拉出发束向后纵向卷，这种方式能够卷出连续的圆柱状效果。

斜向卷：介于横向卷和纵向卷之间，这种方式能够产生适合搭配外形的卷度。

（八）加热

用防热棉包住卷杠，再夹上夹子，把碎发包住聚热效果更好，没干的头发还要再加热一遍。加热前几分钟，检查每个卷杠是否均匀受热。加热到所定时间后，检查头发是否已有九成干，若有则拔下电源，利用余温将头发完全烘干。不同发质的加热温度与加热时间见表2-4-4。

表2-4-4　不同发质的加热温度与加热时间

发质	温度	时间
抗拒性发质	120℃	20分钟左右
健康性发质	110℃	15分钟左右
受损性发质	80℃	10分钟左右

（九）上中和剂

分两次施放，第一次停留5~8分钟。然后上第二次，停留8~10分钟。

(十)拆杠造型

卸下陶瓷夹,将羊毛毡换成塑料夹,等杠芯完全冷却,轻轻拆下陶瓷杠,保持原有卷筒型,用夹子对准卷筒夹住。陶瓷杠不宜碰到药水,需拆下后上中和剂。

(十一)冲洗

冲洗的水温以45℃~55℃为宜,不可用力梳,用专用洗发液轻轻洗即可。涂第三剂(又称C剂、平衡剂)。

(十二)造型

用专用造型品打理。

任务实施

1.小组合作,分析张姐头发的情况,提出合适的解决方案。
2.各组派代表讲述方案设定的理由。
3.以角色扮演的方式,演示热烫的整个操作流程。

任务评价

任务评价卡

	评价内容	分数	自评	他评	教师点评
1	能分辨冷烫与热烫的区别	10			
2	能完整地讲解热烫的流程	10			
3	能根据顾客的需求,选择适当的热烫方法	10			
	综合评价				

任务五　顺直的运用

任务描述

张姐来到美发沙龙,与美发师沟通,想让自己的头发变得柔顺光滑一些。经过分析,她的头发属于自然卷,比较凌乱、无光泽,需要采取什么样的方式来改变她的发型呢？

任务准备

1.收集资料,了解顺直的优点和不足。
2.自主学习顺直的烫发流程。

相关知识

卷发使人显得成熟、丰满,直发则显得清纯文静。很多女性都为拥有垂顺的秀发而自豪。顺直,就是用夹板拉直、拉顺头发的技术。曲发变直的技术,增加了发型变化的多样性,还可以弥补顾客发质的先天不足,为美发师拓宽了设计范围。

一、烫发程序

（一）判断发质

判断发质是否适合做顺直。

（二）修剪

不建议修剪得太碎或层次太高,刀口不宜太多,避免毛糙。要保留一定发量。

(三)涂抹烫发剂

根据发质状况决定是全段上烫发剂还是分段上烫发剂(见表2-5-1)。

表2-5-1 不同发质的烫发剂使用

发质	烫发剂(头发软化)
抗拒性发质	原液软化,如果涂一遍效果不好,就涂两遍。
健康性发质	原液软化。
受损性发质	根据受损程度添加PPT或白油或C剂平衡蛋白液,也可喷水稀释原液,比例视发质而定。

(四)停留时间

检测头发拉力,视发质状况设定时间(见表2-5-2)。

表2-5-2 不同发质停留时间

发质	时间
抗拒性发质	25~30分钟
健康性发质	20~25分钟
受损性发质	10~15分钟
严重受损性发质	5~10分钟

(五)检查软化程度

不同发质的软化程度见表2-5-3。

表2-5-3 不同发质软化程度

发质	软化程度
抗拒性发质	软化程度95%
健康性发质	软化程度80%
受损性发质	软化程度60%

检测方法:将2~3根头发擦净药剂,能轻松拉到头发原长度的1~1.5倍,有轻微反弹,视为软化成功。也可将3~5根头发擦净药剂,打成空心圈放在掌心,看是否弹回,若未弹回则视为软化成功。每个区都要检测。

(六)冲水

水温不可过高或过低,以45℃~55℃为宜,不可上洗发液,涂第三剂。

(七)调温(夹板温度)

不同发质的温度见表2-5-4。

表2-5-4 不同发质的温度

发质	温度
抗拒性发质	180℃~200℃
健康性发质	160℃~180℃
受损性发质	140℃~160℃或120℃~140℃

(八)涂高效抗热剂(白油)——D剂

涂抹均匀,量不可太多,不可涂发根,重点涂发尾及受损部位。

(九)夹直

水平分层,力度均匀,由下往上一层一层地夹。发片宽度为1.5~2厘米,发片厚度为0.5厘米。

(十)涂抹中和剂

停留15~20分钟,涂抹均匀。

(十一)冲洗

水温不可过高或过低,以45℃~55℃为宜,不可用洗发液,涂第三剂。

(十二)吹干头发

将头发吹干。

二、顺直的注意事项

1. 分片均匀,拉力适中,速度先慢后快。

2. 出现问题的部位大多为发尾,拉到发尾时,速度适当快些,次数少些。

3. 做过颜色的部位,应先喷少许发油,可得到较好的效果。

4. 如果顾客三四个月前做过染色,要先看顾客的头发受损达到什么程度。这时应先涂抹新生发,如果染过的头发受损程度为一般受损的话,可以待新生发软化至四五成时再涂受损发。

5. 如果染过的头发极度受损,新生发要软化到八成左右,再涂抹受损发,这样才可以使软化同步。

三、容易出现的问题及结果

容易出现的问题及结果见表2-5-5。

表2-5-5 常见问题及结果

问题	结果
分片不均匀	拉直后的头发效果不一致
加发片时温度、次数和力度不合适	头发会焦
软化时用密齿梳	会把软化好的头发拉伤,以后容易反弹
加发片时发片太宽	达不到拉直的目的

任务实施

1. 小组合作,分析张姐头发的状况,提出合适的解决方案。

2. 各组派代表讲述方案设定的理由。

3. 以角色扮演的方式,演示顺直的整个操作流程。

任务评价

任务评价卡

	评价内容	分数	自评	他评	教师点评
1	能叙述顺直给自然卷的头发带来哪些好处	10			
2	能分析发质的状况,解决头发自然卷的问题	10			
3	能掌握顺直的注意事项,标准地完成顺直	10			
	综合评价				

模块习题

一、单项选择题

1.烫发工具包括烫发杠、烫发纸、烫发梳、烫发剂涂抹工具等,皮筋属于(　　)。

A.固定工具　　B.加热工具　　C.辅助工具　　D.涂抹工具

2.烫发时,影响头发卷度大小最直接的因素是(　　)?

A.卷杠工具　　B.烫发药水　　C.卷杠方法　　D.烫发时间

3.(　　)的头发特征为易断、无弹性、无光泽、触感干涩、枯燥、发梢分叉。

A.抗拒性发质　　B.细软发质　　C.受损性发质　　D.极度受损发质

4.冷烫药水的第一剂中碱性烫发液的pH值为(　　)。

A.9以上　　B.7~8　　C.5~6　　D.3~4

5.正常发质定型的时间为(　　)。

A.25~35 min　　B.15~25 min　　C.5~10 min　　D.3~5 min

二、判断题

1.在烫发前分析发质时,美发师要对顾客头发的粗细、长度、发量、分布疏密度、色泽、受损情况、弹性及头皮油脂分泌等情况进行分析。(　　)

2.为了节省时间,烫发前无需做烫前测试。(　　)

3.冷烫的优点有:条件限制比较少,造型变化比较多,过程简单,烫发本身的技术要求相对较低,等等。(　　)

4.热烫中,软化头发时应该从发根至发尾一并涂抹。(　　)

5.在顺直的过程中,针对发质受损的情况,可以在药水里面添加PPT,也可喷水稀释原液。(　　)

三、综合运用题

根据冷烫药水与热烫药水的差别,分别举例说明运用它们烫发的不同点。

模块三　头发的排杠

学习目标

知识目标

1. 能认识烫发的基面,辨别不同提拉角度达到的效果。
2. 能准确地标出头颅基准点。
3. 能流畅地表述标准卷杠、标准砌砖杠、标准竖杠之间的区别。

技能目标

1. 能运用卷杠的多种排列方式,结合角度的提拉进行卷发。
2. 能熟练地划分标准卷杠的分区,并在规定时间内完成标准卷杠。
3. 能熟练地运用卷杠,在规定时间内完成整头的砌砖杠。
4. 能在规定时间内完成整头的标准竖杠。

素质目标

1. 形成勇于奋斗、乐观向上的精神,具有自我管理能力和职业生涯规划意识。
2. 理解并逐步形成敬业、精益、专注、创新的工匠精神。

任务一 上卷方式的认识

任务描述

小强接到美发师给他安排的任务,为李女士卷头发。李女士头顶的头发稀少,因此她希望能通过烫发来增加发量感。小强应采取怎样的卷杠方式来达到这样的效果呢?

任务准备

1. 自主学习烫发的基面和提拉的角度。
2. 收集资料,了解烫发的方式和方法有哪些。

相关知识

在烫发服务中,美发师要根据烫发的实际情况,确定烫发基面、烫发提拉角度、发卷的排列方式及烫发方法等,从而制订烫发实施方案,为烫发提供依据。

一、确定烫发基面

烫发基面是指在卷杠时分出的发片。美发师要根据顾客的头部结构特征及卷杠的实际要求,确定合适的烫发基面的形状与大小。在烫发服务中,常见的烫发基面的形状一般有长方形、三角形、正方形、梯形等。烫发基面的大小,则根据烫发杠的长度与直径来确定。

一般情况下，烫发基面的长度依照烫发杠的长度确定，以与烫发杠长度相同为宜。也可根据发区内发片的实际情况小于烫发杠长度，但不得大于烫发杠的长度。烫发基面的宽度则由烫发杠的直径决定，具体说明见表3-1-1。

表3-1-1 烫发基面及特征

烫发基面宽度类别	特征说明
等基面	基面宽度与烫发杠直径相同
倍基面	基面宽度为烫发杠直径的1.5倍
双倍基面	基面宽度为烫发杠直径的2倍

二、确定烫发提拉角度

烫发提拉角度是指在提拉发片时，发片与头皮之间形成的角度。美发师须根据烫发的卷曲度要求，确定合适的烫发提拉角度（见表3-1-2）。

表3-1-2 烫发提拉角度

烫发提拉角度	说明
0°	发片与头皮之间的夹角为0°，发卷脱离基面； 卷发效果不蓬松，发卷十分集中、密集、厚重，且缺乏空间感。
45°	发片与头皮之间的夹角为45°，发卷脱离基面； 卷发效果不蓬松，发卷比较集中、厚重，但不密集，且具有一定的空间感。
90°	发片与头皮之间的夹角为90°，发卷半压基面； 卷发效果蓬松，发卷比较松散，很有空间感，且不厚重。
120°	发片与头皮之间的夹角为120°，发卷全压基面； 卷发效果蓬松飘逸，发卷非常松散，空间感强烈。

三、确定发卷排列方式

在确定了烫发基面和烫发提拉角度后，美发师须根据发卷的形状来确定发卷排列方式，选择合适的卷杠排列方法及卷杠方式。

(一)卷杠排列方法

根据烫发杠的类别和大小,可分为重复排列法、对比排列法、递进排列法及交替排列法四种,具体说明见表3-1-3。

表3-1-3　卷杠排列方法

排列方法类别	排列方法特点
重复排列法	重复使用同一形状、同一大小的烫发杠,在头发同一位置按同一方向卷杠。
对比排列法	使用同一形状、同一大小的烫发杠,在头发同一位置按不同方向卷杠。
递进排列法	使用同一形状、不同大小的烫发杠,从小到大依次排列,在头发同一位置按相同方向卷杠。
交替排列法	使用同一形状、不同大小的烫发杠,依次交替排列,在头发同一位置按相同方向卷杠。

(二)卷杠方式

根据头发分区的形状和烫发杠排卷方向、顺序的不同,可分为长方形排卷、扇形排卷、椭圆形排卷及砌砖排卷四种(如图3-1-1)。

长方形排卷
发区为长方形;
卷杠按照从中间到两侧的顺序,在中间为从前部发线到后颈部,在两侧为从耳后到耳前;
卷杠整体效果为中间整齐平行,左右十字对称。

扇形排卷
中部发区为长方形,两侧发区为扇形;
卷杠按照从中间到两侧的顺序,在中间从前部发线到后颈部,在两侧为从耳后到耳前;
卷杠整体效果为中间整齐平行,左右扇形排列。

椭圆形排卷
发区为圆弧形,且反向依次相连;
将头发分为左右两侧,每侧按照从上到下的顺序进行卷杠;
卷杠整体效果为椭圆形。

砌砖排卷
卷杠按照从前到后的顺序进行,从前额中间位置开始,按叠加的方式向后向下进行卷杠;
卷杠整体效果错落有致,呈长方形或梯形。

图3-1-1　卷杠方式

四、确定烫发方法

美发师须根据顾客的发质情况及烫发需求,选择合适的烫发方法。根据烫发时是否需要加热,烫发方法可分为冷烫法与热烫法两种。其特点见表3-1-4。

表3-1-4 烫发类别及特点

烫发类别	特点
冷烫法	烫发过程中不需要相关机器或设备进行加热,在常温下完成; 湿发情况下,发卷较明显;干发情况下,发卷不明显。
热烫法	烫发过程中需要相关机器或设备进行加热,根据加热机器的不同,可分为离子烫、数码烫、陶瓷烫、电棒烫等; 干发情况下,发卷较明显;湿发情况下,发卷不明显。 如果顾客发质为抗拒性发质或健康性发质,适宜选择热烫法。

任务实施

1. 小组讨论,然后派代表讲述冷烫与热烫的区别。
2. 运用头模,分别展示卷杠排列的方式。

任务评价

任务评价卡

	评价内容	分数	自评	他评	教师点评
1	能叙述烫发中各种基面的特征	10			
2	能运用多种排列方式,结合提拉角度进行卷发	10			
3	能根据不同顾客的需求,推荐合适的烫发方法	10			
综合评价					

任务二 标准杠的卷发

任务描述

王女士来到美发沙龙,想让自己的头发变得丰盈一些。美发师通过观察与沟通,得知王女士的头发细软且较少,烫发所用的时间较短。因此,美发师决定为她进行全头卷发。

任务准备

1.认识头颅基准点,通过点的位置熟悉标准卷杠分区。
2.准备标准杠排列所需用具。

相关知识

一、卷杠前的分区

(一)点

点没有大小之分,只有位置之分。点连成线,线排列成面。准确认识点,才能更精准地进行分区(图3-2-1)。

1.中心点:位于从鼻尖垂直向上,与发际线相交的点。

2.顶点:位于头顶水平面最高处。

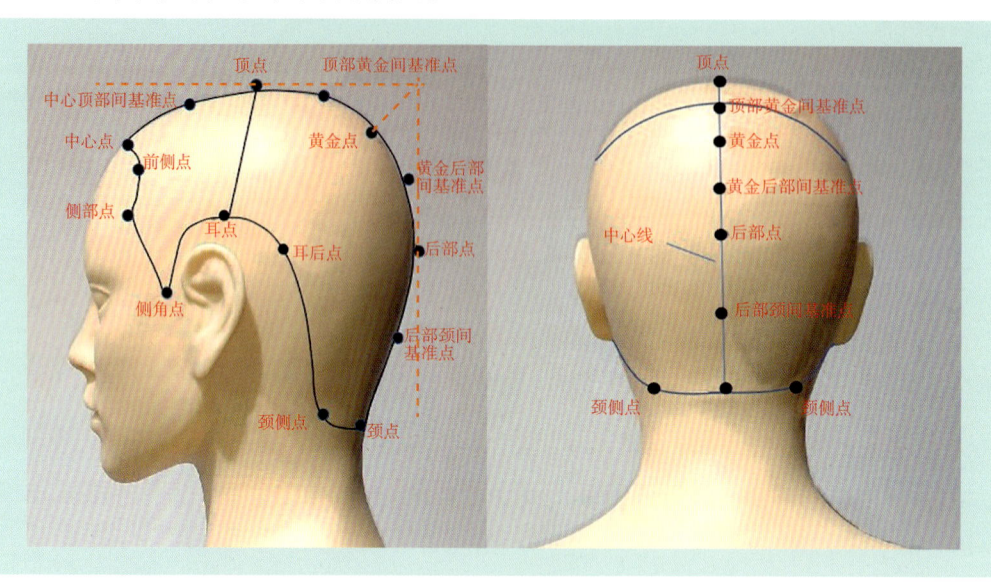

图 3-2-1　头颅基准点

3.黄金点:位于头顶水平面与后头部垂直面相交斜45°位置。

4.后部点:位于后头部垂直面最凸处。

5.颈点:位于颈背发际线1/2处。

6.颈侧点:位于颈背发际线转角处。

7.耳点:位于耳朵垂直向上,与发际线相交的位置。

8.耳后点:位于耳点平行后移约2厘米,与发际线相交位置。

9.侧角点:位于脸际线的最下端。

10.侧部点:位于脸际线的最凸处。

11.前侧点:位于脸际线的最凹处。

12.中心顶部间基准点:位于中心点与顶点之间的1/2处。

13.顶部黄金间基准点:位于顶点与黄金点之间的1/2处。

14.黄金后部间基准点:位于黄金点与后部点之间的1/2处。

15.后部颈间基准点:位于后部点与颈点之间的1/2处。

(二)分区

卷杠前,要对整个头发按照不同的部位进行分区,便于烫发设计和操作。分区的步骤与分区方法见表3-2-1。

表3-2-1 分区步骤及方法

分区步骤	烫发分区图示	分区方法
从前额的发际线开始,第一区分到头顶部		分第一区时应以发杠的宽度为画线的依据,将头发对准前额两眉峰线尖端向后平行梳顺。
划分第二区、第三区、第四区		因颈部较窄,中心线可以平行地缩小至颈底部,形成后二、三、四区均等状态。
分侧面第五区、第六区、第七区、第八区		以第一区取得的长度为标准,然后在侧面分线与脸部发缘线平行,自然地梳下,就取得了左侧第五区和第六区、右侧第七区、第八区。
划分左侧及右侧的第九区、第十区		左右两侧前部位为第九区和第十区。

二、标准杠基面划分

根据标准杠的排列特点选择方形基面的分区发片,见表3-2-2。

表3-2-2 基面划分

基面发型	图示	分区技巧说明
方形基面		适用于任何发型的底盘,可自由变换发片的角度。
三角形基面		适用于相接部分变更方向,尤其是头侧面分线部位。
多层基面		适用于长发型或内卷型,只求发尾的卷曲,不使发根部分产生波纹。

三、标准杠烫发提拉角度效果

1. 角度过大会造成发根处出现压痕。
2. 120°：效果蓬松，花形很结实。
3. 90°：发根拉直，花形均匀。
4. 75°：制造自然卷度（一般用于黄金点以下）。
5. 45°：制造服帖卷度（一般用于后部点以下）。
6. 75°、45°、0°花形自然、柔和。

四、标准杠的基础知识

（一）质量标准

标准杠发卷排列整齐，发花不焦不结，不损伤发质。根部有弹性，有波纹。发尾成圈。发干、发丝顺畅有光泽且富有弹性。

（二）注意事项

1. 严格执行操作规程，安全使用烫发剂，避免滴漏于皮肤和衣服上。
2. 定时试卷，不能侥幸和过于自信，保证每次烫发的质量，认真总结经验。
3. 为避免头皮损伤，烫前要诊断发质，受损严重的先做烫前处理。
4. 卷绕和固定时力度适中，不可造成断裂和留下皮筋压痕。
5. 根据卷度控制时间和温度，头发参差度高时，不可烫细纹状或出现毛糙。
6. 烫发后，染发或漂发都会损害烫后卷度。

（三）标准杠要求

5号杠共60个，中间第一大区共24个；侧（左）第二大区共18个，其中侧里11个，侧7个；侧（右）第三大区共18个，其中侧里11个，侧7个。

五、标准杠的操作方法

（一）卷杠注意事项

1. 发片保持湿度均匀。
2. 横向角度的提拉偏移会造成杠具排列不整齐，花形不均匀。
3. 中心区走的是条直线。两侧因头型的原因，走的是一条弧线。
4. 橡皮筋要求与头皮成45°。
5. 发片宽度是杠的80%，厚度介于杠的直径与半径之间，大于半径，小于直径。
6. 卷发时，身形和发片成一条直线，随发片中心点移动。

(二)固定要求

1.橡皮筋角度服帖于头皮。如果皮筋和头皮垂直,发根较紧,容易出现压痕。如果橡皮筋和头皮平行,则发根蓬松。

2.发杠落在分片线上。发片过宽或过窄,都会导致卷出的头发花形不均匀。

3.发片过厚,会压到分片本身的发根,造成漏杠;发片过薄,会压到下面头发的发根,造成挤杠。

4.套橡皮筋时,单套法(内紧外松的交叉套法)可用头发带动张力,烫出的头发很有弹力。

5.卷杠的关键是找到发片的中心点,身形对准发片的中心点,注意眼睛的观察点。

(三)梳拉角度

1.提拉发片的角度:角度过大,会压到发片的发根;角度过小,会压到发片及下面的发根。

(a)　　　　(b)　　　　(c)

图3-2-2　提拉高度

2.梳子的用法:平梳法可以平行头发,勾梳法使头发顺直。

(a)　　　　(b)

图3-2-3　梳子的用法

3.包发纸：单包法、双包法、拆包法。

(a)　　　　　　　　(b)　　　　　　　　(c)

图3-2-4　包发纸

(四)过渡角度

1.从中心点到顶点发片不能大于120°或小于90°。

2.从顶点到黄金点不能大于90°或小于75°。

3.从黄金点到后部点不能大于75°或小于45°。

4.从后部点到颈点角度提拉不能大于45°。

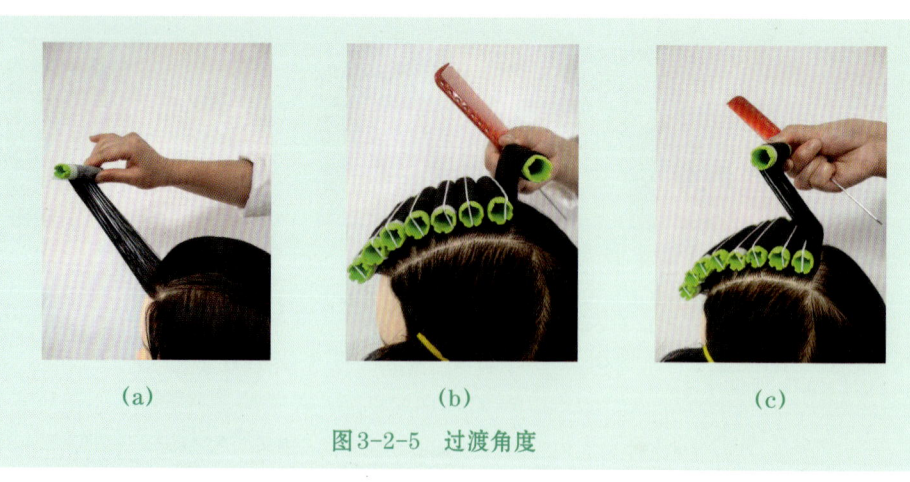

(a)　　　　　　　　(b)　　　　　　　　(c)

图3-2-5　过渡角度

(五)卷杠的基本方法

1.分区：标准杠分为10区(杠长=区宽)。

2.取片：八成宽、半厚标准。

3.卷杠：发片梳通、发尾不折,紧贴起卷。

4.顺序：先上后下,先大后小(角度)。

(a)　　　　　　　　　(b)　　　　　　　　　(c)

图3-2-6　卷杠方法

(六)卷杠的操作步骤

1.分取发片。

2.将烫发纸和杠子放在发尾。

3.从上往下卷。

图3-2-7　步骤1 　　　　图3-2-8　步骤2 　　　　图3-2-9　步骤3

4.双手同时用力裹头发。

5.将头发裹至发根处。

6.用橡皮筋固定。

图3-2-10　步骤4 　　　　图3-2-11　步骤5 　　　　图3-2-12　步骤6

7.分取下一片头发。

8.烫发纸放在后面,杠子放在前面。

9.从上往下卷。

图3-2-13　步骤7　　　　图3-2-14　步骤8　　　　图3-2-15　步骤9

10.如有碎头发时,可用尖尾梳绕进杠子,再往下卷。

(a)　　　　　　　　　　(b)

图3-2-16　步骤10

(a)　　　　　　(b)　　　　　　(c)

图3-2-17　标准杠完成效果图

（七）检查评价

1. 在整个操作流程中,保持工作台面的干净、整洁,各类用品摆放整齐。
2. 排列方式符合项目规定,分区均匀,划分线清晰,发片厚薄均匀。
3. 两侧卷杠数量对称、排列整齐、不压发根、不窝发梢。
4. 发丝服帖,松紧适度,平整光滑,清晰流畅,皮筋排列整齐。

任务实施

1. 小组间指认头颅各基准点。
2. 小组间竞赛,运用头模进行标准卷杠的分区。
3. 熟练地运用工具,为假发头模卷标准卷杠。

任务评价

任务评价卡

	评价内容	分数	自评	他评	教师点评
1	能正确地标出头颅的每个基准点	10			
2	能熟练地划分标准卷杠的区域	10			
3	能在规定时间内,标准地卷完整个头模	10			
	综合评价				

任务三　标准砌砖杠的卷发

任务描述

一头短发的陈女士来到美发沙龙,告知美发师,她想让自己顶部的头发看起来饱满、蓬松一些。美发师发现她发量稀少、发质细软、脸型较圆,考虑采用让顶部发根站立的方式进行烫发。

任务准备

1. 到美发沙龙实地调研,咨询美发师对于砌砖杠实用性的看法。
2. 自主学习标准砌砖杠的排列方法。

相关知识

一、砌砖杠的排列原理

从前额正中开始,第一层卷1个,第二层卷2个,第三层卷3个,逐层增加,直到头部最宽部位,然后往下逐层减少,直到后发际(如图3-3-1)。这种卷法能使头发更加蓬松,适合于头发比较稀少的女性。

图3-3-1　砌砖杠

模块三　头发的排杠

二、砌砖杠的操作方法

1.准备工具：标准杠60根和尖尾梳、烫发橡皮筋、烫发纸、喷水壶、分区夹等。

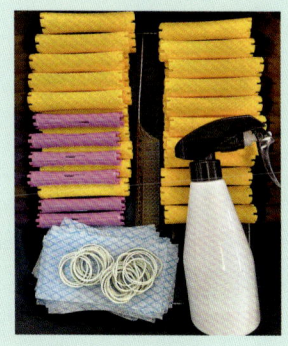

图3-3-2　常用工具

2.将头模全部打湿，往后梳理，分出第一个发片。

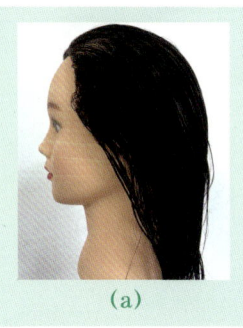

(a)　　　　　(b)

图3-3-3　步骤1

3.分取第一个发片，将烫发纸、杠子放于发梢处，双手同时用力卷至发根。

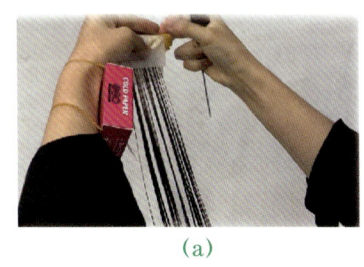

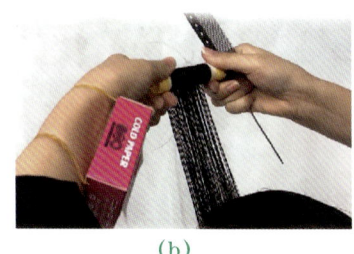

(a)　　　　　(b)　　　　　(c)

图3-3-4　步骤2

4.用橡皮筋固定杠子。

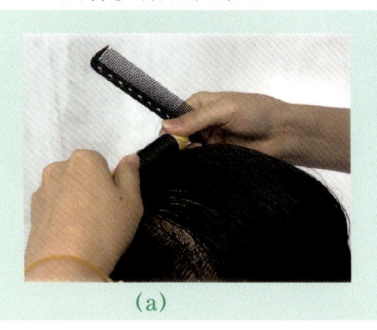

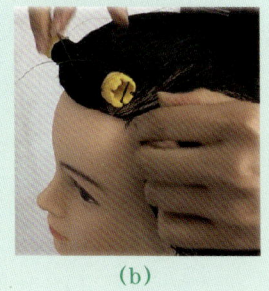

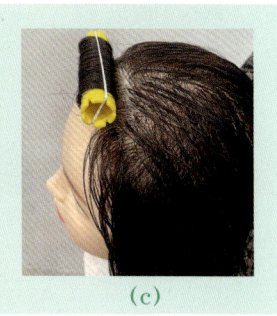

(a)　　　　　(b)　　　　　(c)

图3-3-5　步骤3

5. 分取第二个发片，至平行于发片中心的位置拉出。

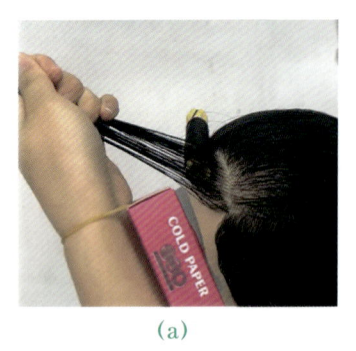

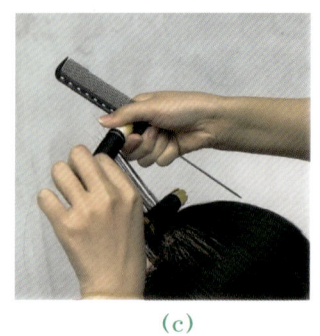

(a)　　　　　　　　　　(b)　　　　　　　　　　(c)

图3-3-6　步骤4

6. 分取第三个发片，与第二个发片角度对称。

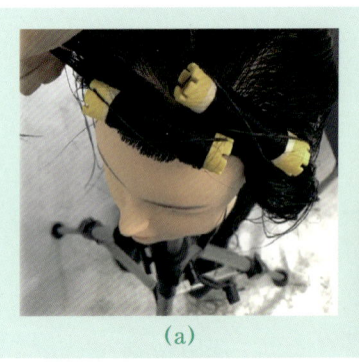

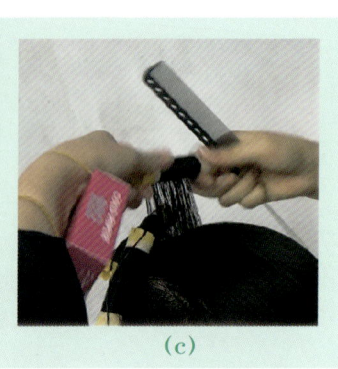

(a)　　　　　　　　　　(b)　　　　　　　　　　(c)

图3-3-7　步骤5

7. 分取第四个发片，后面依次进行。

(a)　　　　　　　　　　(b)　　　　　　　　　　(c)

图3-3-8　步骤6

8.分取侧区发片,卷至发根,用橡皮筋固定。

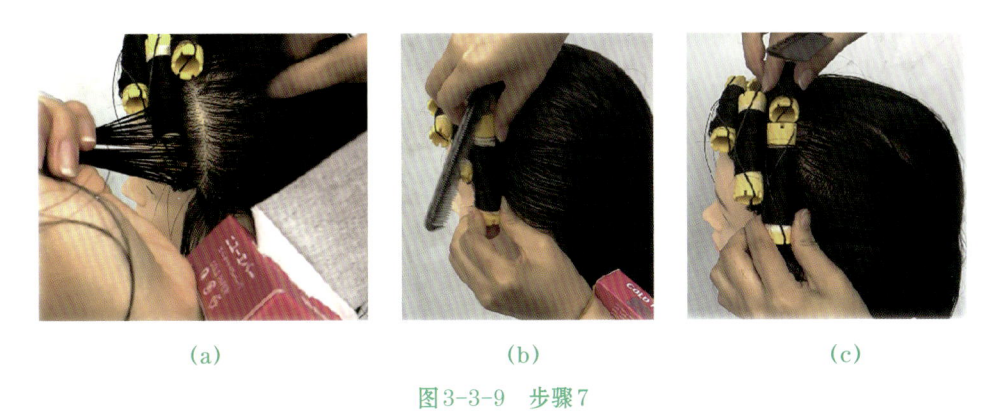

(a)　　　　　　　　(b)　　　　　　　　(c)

图3-3-9　步骤7

9.注意每个杠子与前面杠子错开,不能将所有杠子对齐。

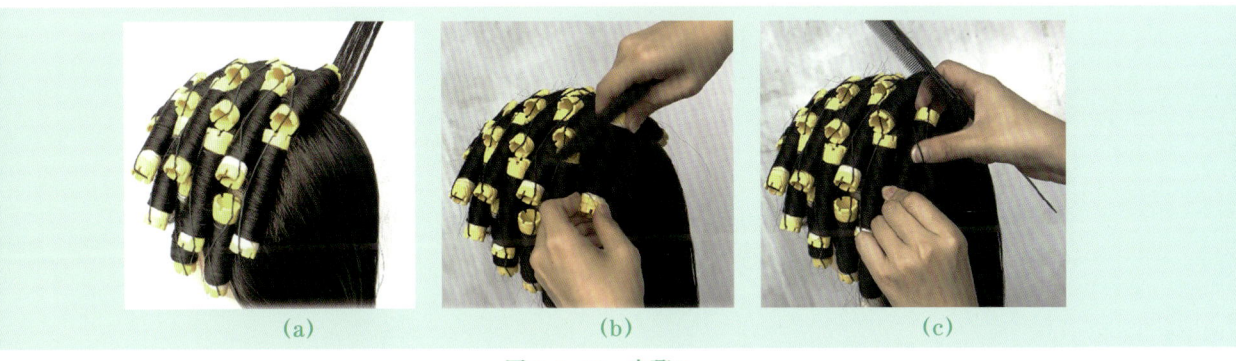

(a)　　　　　　　　(b)　　　　　　　　(c)

图3-3-10　步骤8

10.如果有很多短头发,卷杠时可以喷水或者用尖尾梳顺着发片绕进去。

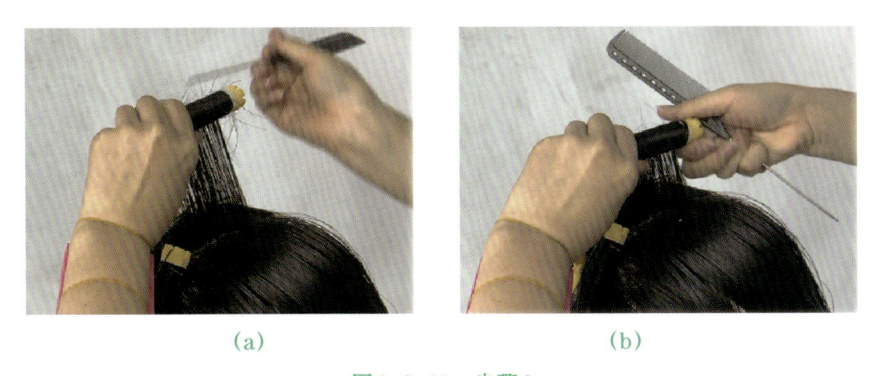

(a)　　　　　　　　(b)

图3-3-11　步骤9

图 3-3-12　完成效果图

三、检查评价

1. 在操作流程中,保持工作台面干净、整洁,各类用品摆放整齐。
2. 排列方式符合项目规定,分区均匀,划分线清晰,发片厚薄均匀。
3. 卷杠时不可折发尾,不可压发根。
4. 发丝服帖,松紧适度,平整光滑、清晰流畅,皮筋排列整齐。
5. 排列乱中有序,烫后没有分线的痕迹。

任务实施

1. 小组讨论,派代表讲述砌砖杠的排列方法。
2. 整理好砌砖杠的工具与工位。
3. 运用假发头模分区与卷杠。

任务评价

任务评价卡

	评价内容	分数	自评	他评	教师点评
1	能正确叙述砌砖杠的排列方法	10			
2	能保持工作区域的整洁	10			
3	能熟练运用卷杠,在规定时间内完成整头的砌砖杠	10			
	综合评价				

任务四　标准竖杠的卷发

任务描述

大四快毕业的小丽有一头齐背的长直发。她告诉美发师,想让自己显得成熟稳重一些。美发师考虑为她烫一头长发大卷。

任务准备

1. 收集资料,了解标准竖杠的特点和用途。
2. 自主学习标准竖杠的卷杠方法。

相关知识

一、标准竖杠的基础知识

(一)杠子直径与成型发卷的关系

要想烫发成功,正确选择杠具非常重要。美发师要熟知杠具大小与成型卷度的密切关系。发卷的直径与杠具的直径一致,才是成功的烫发。由于顾客的头发结构、厚度、密度、长度各不相同,烫发效果也不同。选择杠具的大小时,首先应考虑发型的需要。

（二）圈数与卷度的形态

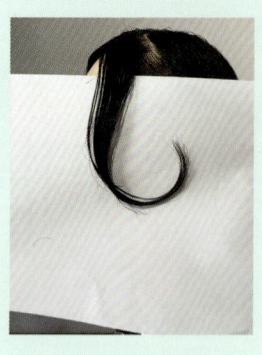

(a) 1圈"C"形　　(b) 2圈"S"形　　(c) 连环"S"形

图3-4-1　圈数与卷度的形态

（三）卷发角度

1. 135°：卷好烫发杠的头发与头皮成135°，烫出来的头发发根比较蓬松。
2. 90°：卷好烫发杠的头发与头皮成90°，烫出来的头发发根自然直立且蓬松。
3. 45°：卷好烫发杠的头发与头皮成45°，烫出来的头发发根自然服帖、柔和。

二、标准竖杠的操作方法

（一）卷杠的注意事项

1. 发片保持湿度均匀。
2. 纵向角度的提拉偏移会造成杠具排列不整齐，花形不均匀。
3. 套橡皮筋的要求：与头皮成45°。
4. 发片的宽度是烫发杠的80%，厚度介于烫发杠的直径与半径之间，大于半径，小于直径。

（二）固定要求

1. 橡皮筋服帖于头皮。如果皮筋和头皮垂直，发根较紧，容易出现压痕。如果橡皮筋和头皮平行，则发根蓬松。
2. 发杠落在分片线上。发片过宽，卷出的头发花形不均匀；发片过窄，会造成挤杠，花形不均匀。
3. 发片过厚，会压到分片本身的发根，造成漏杠；发片过薄，会压到下面头发的发根，造成挤杠。
4. 套橡皮筋时，单套法（内紧外松的交叉套法）可用头发带动张力，烫出的头发很有弹力。

5.卷杠的关键：找到发片的中心点，身形对准发片的中心点，注意眼睛的观察点。

三、标准竖杠的操作流程

用竖杠分区，从前侧点分至黄金后部间基准点为顶区；从耳后点至后部点为中间区域；剩下区域为底区。分区的大小与设计有关，可以调整。(见图3-4-2)

图3-4-2 竖杠分区

（一）底区

1.分取一个发片。

图3-4-3 步骤1

2.烫发纸和杠子放至发尾。

图3-4-4 步骤2

3.竖着由外向内卷。

图3-4-5 步骤3

4.卷至发根处。

图3-4-6 步骤4

5.用橡皮筋固定。

图3-4-7 步骤5

(二)中区

1. 喷水保持头发湿度。

图3-4-8　步骤6

2. 分取一个发片。

图3-4-9　步骤7

3. 烫发纸包住头发。

图3-4-10　步骤8

4. 将杠子放至发尾。

图3-4-11　步骤9

5. 向内卷。

图3-4-12　步骤10

6. 用橡皮筋固定。

图3-4-13　步骤11

(三)上区

1. 将发片提高角度。

图3-4-14　步骤12

2. 杠子放至发尾。

图3-4-15　步骤13

3.卷至发根。　　　　　　4.用橡皮筋固定。　　　　　　5.整体效果。

图3-4-16　步骤14　　　　　图3-4-17　步骤15　　　　　图3-4-18　整体效果

四、检查评价

1.在操作流程中,保持工作台面干净、整洁,各类用品摆放整齐。

2.排列方式符合项目规定,分区均匀,划分线清晰,发片厚薄均匀。

3.两侧卷杠数量对称、排列整齐、不压发根、不窝发梢。

4.发丝服帖,松紧适度,平整光滑,清晰流畅,皮筋排列整齐。

任务实施

1.叙述标准竖杠与标准卷杠之间的区别。

2.准备标准竖杠的工具,整理工位。

3.练习标准竖杠的分区。

4.熟练掌握标准竖杠的操作方法。

任务评价

任务评价卡

	评价内容	分数	自评	他评	教师点评
1	能叙述标准竖杠的特点	10			
2	能正确划分标准竖杠的分区	10			
3	能在规定时间内,完成整头的标准竖杠	10			
	综合评价				

63

模块习题

一、单项选择题

1. 烫发基面中，双倍基面指的是（　　）。
   A.基面宽度为烫发杠直径的1倍　　B.基面宽度为烫发杠直径的1.5倍
   B.基面宽度为烫发杠直径的2倍　　D.基面宽度为烫发杠直径的2.5倍

2. 发片的提拉角度为（　　）时，卷发效果蓬松，发卷比较松散，很有空间感，且不厚重。
   A.45°　　　　B.60°　　　　C.90°　　　　D.120°

3. 卷杠按照从前至后的顺序进行，按叠加的方式向后向下卷杠，整体效果错落有致，适合为头发较稀的顾客烫发排卷。这是属于（　　）排卷。
   A.砌砖　　　　B.标准排卷　　　　C.竖杠　　　　D.扇形

4. 标准杠的排列特点为（　　）的分取发片。
   A.三角形基面　　B.多层基面　　C.方形基面　　D.圆形基面

5. 在圈数与卷度的形态中，卷三圈会得到（　　）。
   A."J"形　　　　B."C"形　　　　C."S"形　　　　D.连环"S"形

二、判断题

1. 在烫发服务中，美发师需要根据烫发的实际情况，确定烫发的基面、提拉角度、发卷排列方式及烫发方法等。（　　）

2. 卷好卷杠的头发与头皮成直角时，发根自然直立蓬松。（　　）

3. 如果皮筋和头皮垂直，发根较紧、不容易出现压痕；如果橡皮筋和头皮平行，发根蓬松。（　　）

4.在竖杠的卷发技巧中,一般可以朝着一个方向卷杠。　　　(　　)

5.卷杠的要求为发丝服帖、松紧适度、平整光滑、清晰流畅、皮筋排列整齐。

(　　)

三、综合运用题

不同的排杠技巧有不同的作用与效果。请你描述以下三种排杠方法的特点。

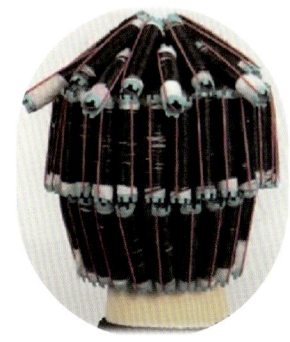

模块四　头发的卷烫

学习目标

知识目标

1. 能够认识各种烫发方法的原理和作用。
2. 能够辨别各种发质。

技能目标

1. 能做好烫发前的防护与准备工作。
2. 能为顾客判断发质的情况,推荐合适的烫法。
3. 能在规定时间内,熟练地完成锡纸烫的卷发。
4. 能在规定时间内,熟练地完成经典大花烫的卷发。
5. 能在规定时间内,熟练地完成螺旋烫的卷发。
6. 能小组合作,完成一位真人模特的烫发设计与操作。

素质目标

1. 培养集体意识和团队合作精神,形成社会责任感和社会参与意识。
2. 理解并逐步形成敬业、精益、专注、创新的工匠精神。

任务一　锡纸烫的卷发

任务描述

阿华酷爱街舞,现在是某学校的街舞老师。他来到美发沙龙,告知美发师,想让自己的形象变得更"酷"一些。美发师为他设计了一款既时尚又有个性的锡纸烫。

任务准备

1.收集三款锡纸烫的图片。
2.自主学习锡纸烫的操作方法。

相关知识

一、锡纸烫概述

锡纸烫是用手工加锡纸卷烫的方法,使发丝呈缕状,卷曲随意,同时,发丝更加轻盈飘逸,富于动感,既时尚又不夸张。

采用锡纸烫时,要把头发拧成单股或双股的辫子,然后用锡纸包住,起到固定作用。通过烫发液的作用,让头发产生扭曲状的条束感,让发型充满立体感。也有人直接用锡纸包住头发,然后把锡纸拧成螺旋形,就能烫出一条一条的发型来。

二、锡纸烫的操作方法

1.准备工具与产品,包括锡箔纸、分区夹、尖尾梳、烫发剂、棉条、托盘等。

生活 烫发

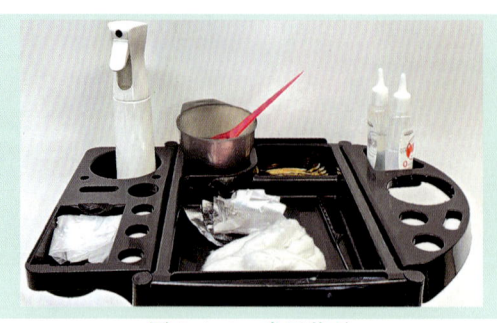

图4-1-1 常用物品

2.软化准备:围上棉条,给头发均匀涂刷上烫发液。

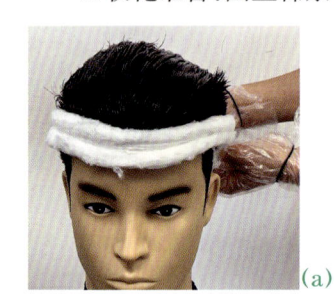

(a)　(b)　(c)

图4-1-2 步骤1

3.立即分区卷锡纸,注意接触化学用品时必须戴手套。

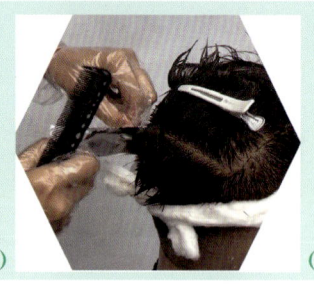

(a)　(b)　(c)

图4-1-3 步骤2

4.依次均匀分区,包上锡纸从发根扭转至发尾。

(a)　(b)

图4-1-4 步骤3

70

5.做到分区均匀、划分线清晰、发片薄厚均匀。

(a) (b)

图4-1-5 步骤4

6.将整个头部卷完。

(a) (b)

图4-1-6 步骤5

7.用夹板给锡纸加热。

(a) (b)

图4-1-7 步骤6

8.将锡纸全都拆卸,用手抖动一下发根,不要让发根有刚才分缝的痕迹,冲一遍水,用毛巾擦干,上定型液。

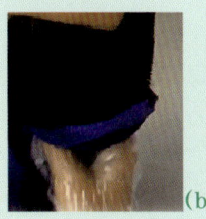

(a) (b) (c) (d)

图4-1-8 步骤7

9.吹风造型。

(a) (b) (c)

图4-1-9 步骤7

三、锡纸烫的检查评价

1.在操作流程中,保持工作台面干净整洁,各类用品摆放整齐。

2.排列方式符合项目规定,分区均匀,划分线清晰,发片厚薄均匀。

3.卷锡纸时速度要快。

任务实施

1.小组合作分析标准竖杠烫与锡纸烫之间的区别,并熟练讲述锡纸烫的操作流程。

2.做好刷药水前的防护,准备好用具。

3.为头模的顶区做锡纸烫。

任务评价

任务评价卡

	评价内容	分数	自评	他评	教师点评
1	能叙述锡纸烫与标准竖杠烫之间的区别	10			
2	能做好锡纸烫发前的防护与准备工作	10			
3	能在规定时间内,熟练地完成锡纸烫	10			
	综合评价				

任务二 定位纹理烫的卷发

任务描述

小渝的头发粗硬且多,每次剪完刘海后,前额的头发都不能分向一侧。美发师为了满足他的愿望,将为他改变头发的流向。

任务准备

1.收集资料,了解定位纹理烫的类别,认识它的作用。
2.自主学习定位纹理烫的操作流程。

相关知识

一、定位纹理烫概述

定位纹理烫是一种较为自然的烫发方法,主要针对短发,用以制造头发的纹理感,常用工具是硬型烫发纸和定位夹,有内卷法和外卷法。

采用内卷法时,先将烫发纸对折好(作用是在包发片时容易操作),将发片放入烫发纸内对折包好。左手拇指和食指将发片捏紧,右手将包好的发片尾端折成空心状(大小根据设计而定),接着两手拇指和食指捏住空心状的发片,继续打圈卷至发根,采用定位夹固定后即完成。外卷法通常用于短发的造型烫,效果是发尾翻翘。

二、定位纹理烫的操作方法

1.准备工具:有定位夹、烫发纸、分区夹、尖尾梳、喷水壶等。烫发纸采用对折卷成圈。

图4-2-1　定位夹  　　　图4-2-2　烫发纸 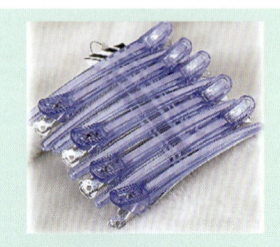　　　图4-2-3　分区夹

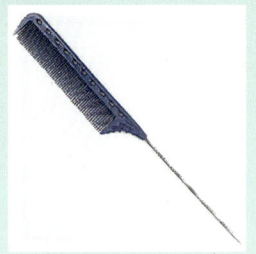

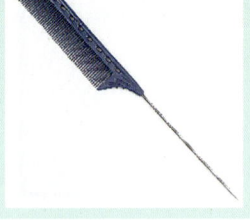

图4-2-4　尖尾梳 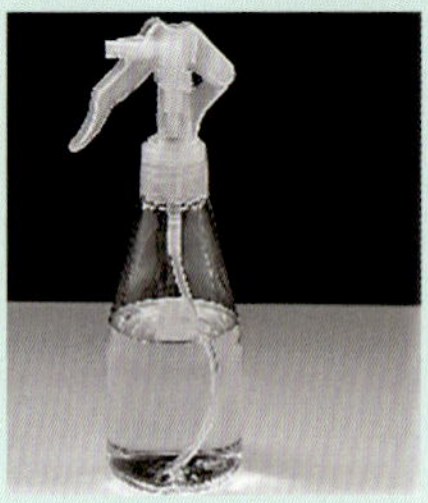　　　图4-2-5　喷水壶

2.将头发分区,圆形、长方形、正方形、三角形等都可以。

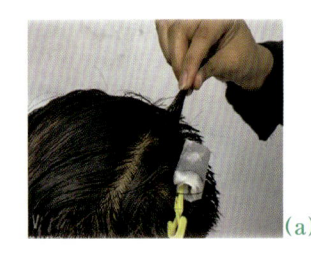

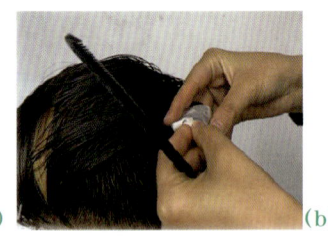

(a)　　　(b)　　　(c)

图4-2-6　步骤1

3.均匀分取发片,将烫发纸两侧对折,包住发片,用手指往内打圈。

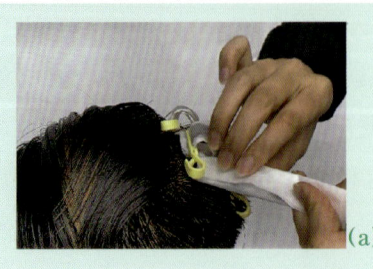

(a)　　　(b)

图4-2-7　步骤2

74

4.打圈至发根处,用定位夹固定。

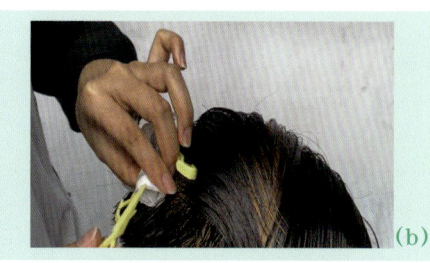

(a) (b)

图 4-2-8　步骤 3

5.每个发片包好烫发纸后,往哪个方向卷,取决于设计的头发流向。

(a) (b)

图 4-2-9　步骤 4

6.依次往前分取发片,包好烫发纸,往后打圈,用定位夹固定。

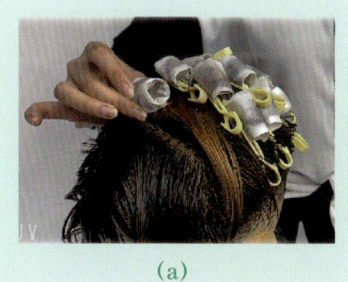

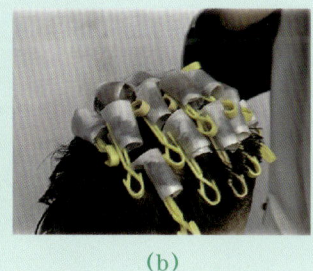

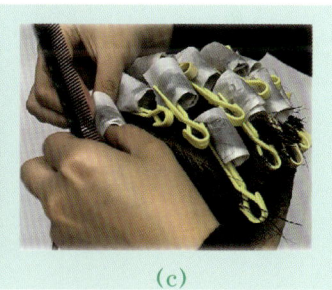

(a) (b) (c)

图 4-2-10　步骤 5

7.一直卷至前区。

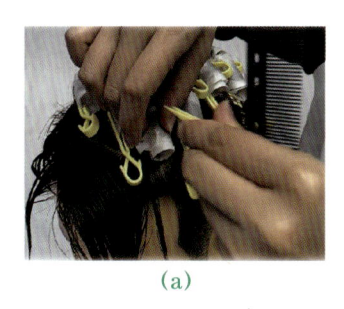

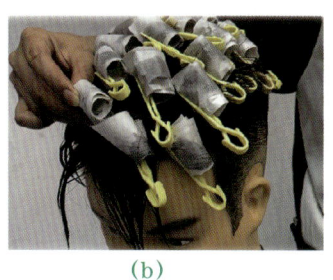

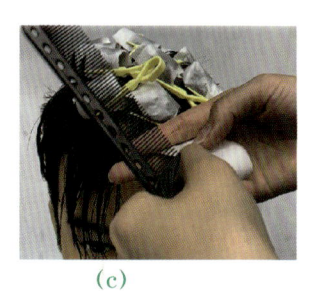

(a) (b) (c)

图 4-2-11　步骤 6

75

8. 卷至前区时,转换站位,从正前方卷。

(a) (b)

图 4-2-12　步骤 7

9. 前区流向往下,发片往下卷。

(a) (b)

图 4-2-13　步骤 8

10. 侧区流向往下,所以发片往下卷。

(a) (b)

图 4-2-14　步骤 9

11. 观察卷完的效果。

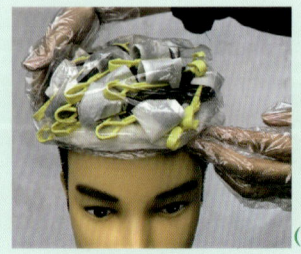

(a) (b) (c)

图 4-2-15　步骤 10

76

12. 均匀涂抹烫发剂，包好保鲜膜，等候设定好的时间。

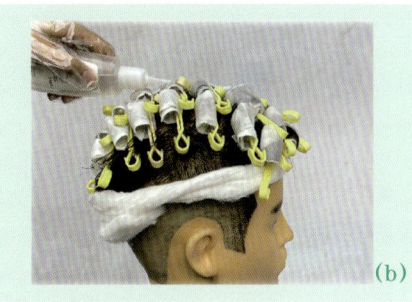

图 4-2-16　步骤 11

13. 冲水，然后上定型药水。

图 4-2-17　步骤 12

14. 吹风造型。

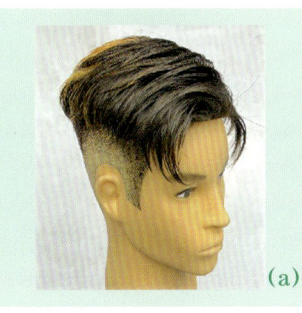

图 4-2-18　步骤 13

三、检查评价

1. 在操作流程中，保持工作台面干净整洁，各类用品摆放整齐。
2. 排列方式符合项目规定，分区均匀，划分线清晰，发片厚薄均匀。
3. 卷发片时，不可折发尾，发圈不能太小。
4. 提拉角度为 90°。
5. 发圈大小应符合想要的纹理。

生活烫发

任务实施

1. 小组讨论定位纹理烫适合的群体,派代表讲述它的操作流程。
2. 整理好工位,准备好用具。
3. 练习定位纹理烫的卷发。
4. 完成整头的卷杠技巧。
5. 涂抹药水,完成定位纹理烫。

任务评价

任务评价卡

	评价内容	分数	自评	他评	教师点评
1	能叙述定位纹理烫的整个操作流程	10			
2	能为顾客判断发质,推荐烫发的合适流向	10			
3	能在规定时间内完成定位纹理烫	10			
	综合评价				

任务三　经典大花烫的卷发

任务描述

安娜是一位时尚又美丽的模特,留着一头齐背的长直发。最近她要拍摄一组浪漫甜美的杂志封面。美发师为了贴近她的拍摄主题,也便于更好地造型,将为她进行烫发。

任务准备

1.收集经典大花烫的发型图片。
2.自主学习经典大花烫的操作流程,准备好用具。

相关知识

经典大花烫是一款长发大波浪发型,能够体现女性的成熟、性感,又不失淑女感,既有轻盈飘逸的发型轮廓,又有妩媚迷人的视觉冲击。烫发的方法,需要根据头发的长度及卷杠的技巧进行搭配组合。

一、经典大花烫的操作要点

按照现代发型的流行趋势,烫发的部位多集中在发尾的变化上,所以在进行卷发操作时,一定要注意以下要点。

(一)卷芯的摆放位置

水平位置产生水平形状的波浪,倾斜位置产生斜向的波浪,垂直位置产生螺旋波浪。根据这个基本原理,便很容易找出波浪形成的规律。为了获得自然的大波浪或者大花效果,卷芯的最佳摆放方式应该是水平或倾斜。

(二)卷发时的卷绕方向

反卷时,发根平伏而发尾外翘。正卷时,发根蓬松而发尾内扣。烫发时,正确的卷绕方向可使发型产生更理想的效果。如果需要表现花形,反卷的效果最佳;如果需要表现波浪,正卷的效果最好。

(三)卷发时的提升角度

卷发时,提升角度越高,落差越大,纹理越杂乱,花形越好;提升角度越低,落差越小,纹理越整齐,波浪效果越好。科学合理的角度会大大提升烫发的质量与效果。

(四)卷发时发片的厚度

发片越薄,卷芯的用量越大,产生波峰的概率增大,容易形成蓬松的效果;发片越厚,卷芯的用量越少,产生波峰的概率减少,易形成整齐的纹理与流向。操作时,可根据发型的需要合理取发,可提高设计的成功率。

(五)卷芯的排列与组合

结合以上几点,根据头型大小、发量多少、发型层次的高低和发尾的厚薄,便很容易找出整体排列组合的方法。如果发量较少,可采用"3-4-3"组合法,即上区位3个卷芯,中区位4个卷芯,下区位3个卷芯;如果发量较多,可采用"3-3"组合法,即把头发分成2个区位,上区位3个卷芯,下区位3个卷芯。如果层次位置较高,则可采用一分组合法,即只在下区位卷3~4个卷芯即可。如果需要改变流向,可采用一分交叉内移位组合法进行卷发操作。

二、经典大花烫的操作方法

(一)工具、产品的准备

准备好要用的卷发工具和产品。

图4-3-1 常用物品

(二)卷杠的操作步骤

1. 分区。按照卷杠的长度,将头发分为三大区域:顶区、中区、底区。再根据发花的大小,分各区域的细分发片。

图 4-3-2　步骤 1

2. 中区与底区按照竖杠外卷的方法,从发尾处开始卷,提拉 90°,螺旋错位向前卷。

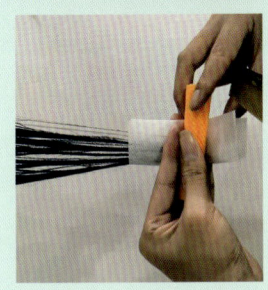

图 4-3-3　步骤 2

3. 两侧区域,与中区一致。

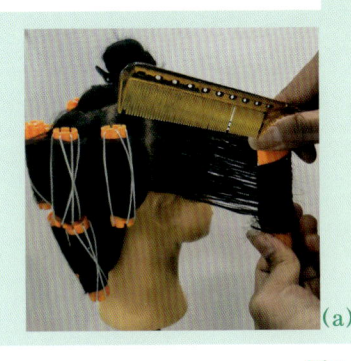

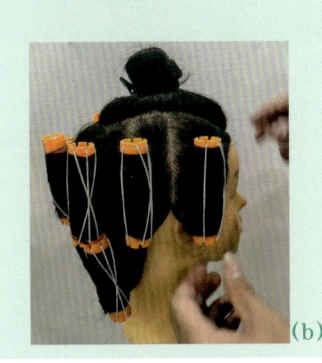

(a)　(b)

图 4-3-4　步骤 3

4. 顶区区域,90°提拉发片,向后重叠内卷,提升顶部的高度,让头发更为蓬松。

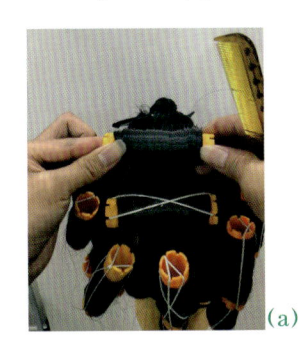

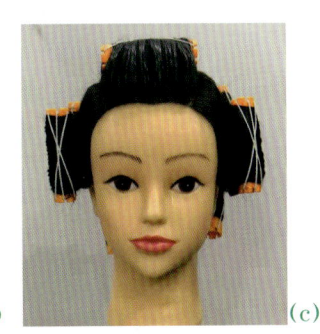

(a)　(b)　(c)

图 4-3-5　步骤 4

81

5.做好防护措施,均匀涂抹烫发剂。头发过长的,需要反复检查,避免没有上透的情况。

图 4-3-6　步骤 5

6.根据发质情况决定等候时间,再冲水,然后吸干大部分的水分。

图 4-3-7　步骤 6

7.由下至上涂抹定型药水,等待足够时间,再螺旋拆杠。

图 4-3-8　步骤 7

8.吹风造型。

(a)　　　(b)　　　(c)

图4-3-9　步骤8

任务实施

1.小组合作,根据模特头发的长度,确定所需杠具的型号。

2.练习经典大花烫的卷法。

3.采用角色扮演的方式,为真人模特烫发。

任务评价

任务评价卡

	评价内容	分数	自评	他评	教师点评
1	能流畅地叙述整个经典大花烫的流程	10			
2	能在规定时间内完成整头的卷杠	10			
3	能小组合作,完成一位真人模特的经典大花烫	10			
	综合评价				

生活 烫发

任务四　螺旋烫的卷发

任务描述

小丽是一位活泼外向的摇滚歌手,喜欢独特、有个性的发型。美发师为了展现她的魅力,为她设计了一款独特的螺旋烫。

任务准备

1. 收集具有酷感、朋克风的烫发图片。
2. 自主学习螺旋烫的操作流程。

相关知识

一、螺旋烫的类别

螺旋烫以它的奢侈华丽、高贵大气在发型界占有一席之地。螺旋烫比较难打理,所以许多顾客虽然喜欢却又嫌麻烦。分区、分片不同,它所呈现的效果也不同。

(一)顺螺旋

发片顺螺旋:垂直取一束发片,从上顺着卷芯服帖地向下卷绕,可产生自然柔和的卷发效果,而且发尾松散自然,特别适合发尾厚重的发型。

扭绳顺螺旋:先把发束顺着一个方向扭成绳状,再从反方向从上向下卷发,可产生条状螺旋发卷(麻花卷)效果,发尾松散透气,特别适合发量多的长发。

(二)倒螺旋

扭转倒螺旋:从发尾开始卷发1~3周后,边扭转发束边向上卷发,形成下端自然、上部扭绳的效果,特别适合发尾修剪较轻薄或者发尾干燥受损的发质。

扭绳倒螺旋:与扭绳顺螺旋的效果差不多,唯一的区别在于发尾,倒螺旋的发尾卷度弹性好。

二、螺旋烫的操作方法

(一)准备工具与药剂

螺旋烫需要的工具有螺旋卷杠、定位夹、保鲜膜、尖尾梳、烫发纸、喷水壶和烫发剂。

图4-4-1 常用物品

(二)卷杠的操作步骤

1.分区。按照卷杠的长度,将头发分为三大区域:顶区、中区、底区(底区分两片)。再根据发花的大小,分各区域的细分发片。

图4-4-2 步骤1

2.取出方块状发片,提拉90°,朝螺丝状发槽方向扭成绳子往内卷,用卡扣固定好。

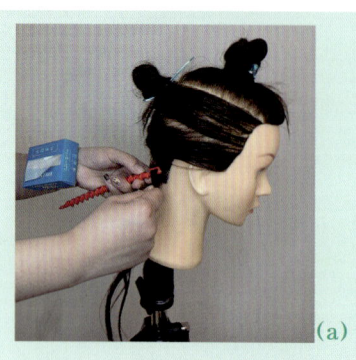

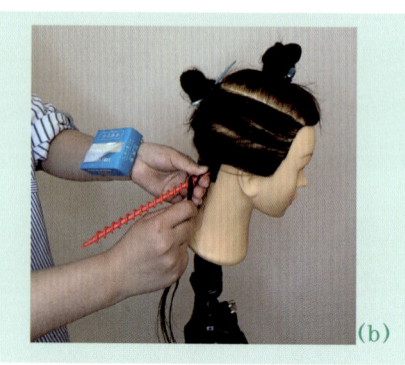

图4-4-3 步骤2

3.中区与底区卷法相同,注意梳顺发丝,两侧需对称。

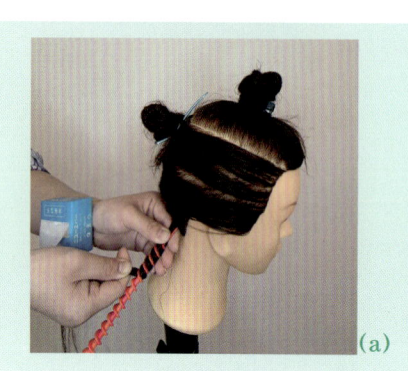

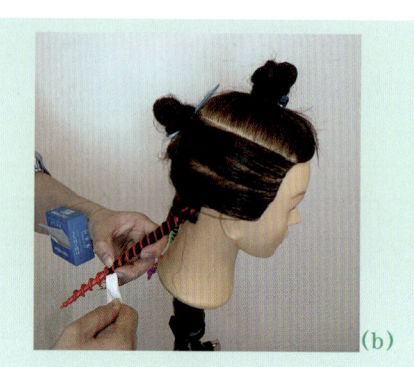

图4-4-4 步骤3

4.顶区头发上杠手法一样,注意90°提拉发片。

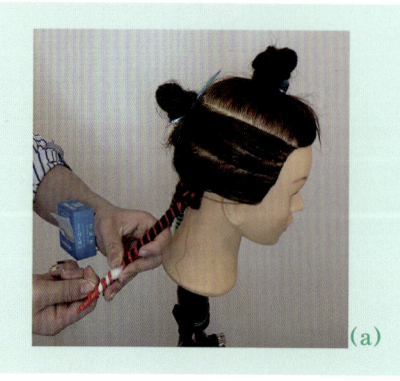

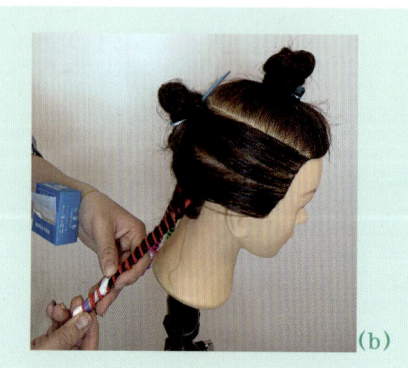

图4-4-5 步骤4

5.做好防护措施,均匀涂抹烫发剂。头发过长的需要反复检查,避免没有上透的情况。

图 4-4-6　步骤5

6.根据发质情况等候足够时间再冲水,然后吸干大部分水分。由下至上涂抹定型药水,等候足够时间再顺着杠子拆杠。

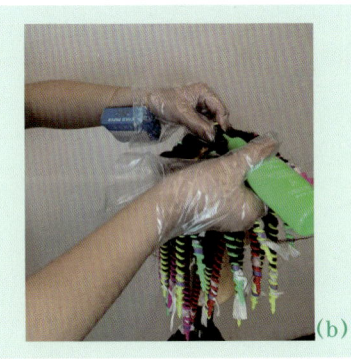

图 4-4-7　步骤6

7.吹风造型。

图 4-4-8　步骤7

生活烫发

任务实施

1. 小组派代表展示具有个性风格的发型图片,并举例说明它们适合的人群。
2. 熟练掌握螺旋烫的操作流程。
3. 拓展烟花烫的操作方法。

任务评价

任务评价卡

	评价内容	分数	自评	他评	教师点评
1	能熟练地列举多种富有个性的发型的名称	10			
2	能在规定时间内,完成螺旋烫的操作流程	10			
3	能根据前面的知识,拓展烟花烫的卷法	10			
综合评价					

模块习题

一、单项选择题

1. 定位纹理烫的卷杠方向按照设计的要求来确定,在刘海区域一般都会向( )卷。

　　A.前　　　　B.后　　　　C.左　　　　D.右

2. 男士发型底区与顶区之间的衔接区域,在卷杠时角度需要( )。

　　A.与顶区一致　　B.与底区一致　　C.慢慢过渡　　D.直接降低

3. 做经典大花烫时,如果想让烫后的发型纹理保持静态,需要注意( )。

　　A.卷芯的摆放的位置　　　　B.卷发时的卷绕方向

　　C.卷发时的提升角度　　　　D.卷发时取发的厚度

4. 锡纸烫的卷杠过程极其缓慢,因此在卷杠时对于速度的要求是( )。

　　A.越快越好　　B.越慢越好　　C.又快又好　　D.又慢又好

5. ( )既可以有卷,又可以增加头发的膨胀性,还能体现出时尚、个性化的效果。

　　A.锡纸烫　　B.螺旋烫　　C.经典大花烫　　D.定位纹理烫

二、判断题

1. 锡纸烫就是把头发拧成单股或双股的辫子,再结合烫发液的作用,让头发呈现较强的束状感。　　　　　　　　　　　　　　　　　　( )

2. 锡纸烫属于冷烫,但上药水的流程与一般的冷烫不同,是先涂抹药水再拧转发束。　　　　　　　　　　　　　　　　　　　　　　　( )

3. 定位纹理烫在分区时只能分成圆形。　　　　　　　　　　　( )

4.经典大花烫卷杠的方向,反卷时发根平伏而发尾外翘,正卷时发根蓬松而发尾内扣。(   )

5.螺旋烫发一般是先卷顶部区域再卷底部区域。(   )

三、综合运用题

烫发既有体现质感、顺滑的发型,也有体现膨胀、夸张的发型。根据下面的图片,辨别它们的类别,并描述它们的卷杠技巧有什么区别。

模块五　烫发的设计

学习目标

知识目标

1. 理解并掌握发型修剪与烫发之间的联系。
2. 掌握卷杠的角度、方向及卷发手法。

技能目标

1. 能根据顾客的需求，给出烫发的建议。
2. 能在规定时间内完成洛丽塔发型的分区。
3. 能在规定时间内，独立完成整头的洛丽塔发型卷杠。
4. 能根据药水的特点，正确选择等候时间，规范地进行真人烫发。

素质目标

1. 培养审美和人文素养，形成诚实守信、热爱劳动的品质。
2. 理解并逐步形成敬业、精益、专注、创新的工匠精神。

任务一　烫发与剪发之间的联动性设计

任务描述

丽莎有着一头秀丽的长发。她来到美发沙龙，告诉美发师，想让自己脸部周围都有发卷来修饰脸型。经过分析，美发师发现丽莎的头发很厚重且无层次，之前的卷都堆在背部，所以需要通过修剪来改善层次，改变发花堆积的位置。

任务准备

1. 自主学习发型修剪与烫发之间的联系。
2. 收集多种不同重量感的发型图片。

相关知识

一、烫发设计步骤

在给顾客做发型设计的时候，首先应考虑顾客在形象方面的需要，然后观察顾客的体型、头型以及面部特征，再考虑头发的生长方向、纹理结构、密度、颜色和现有的形状，最后确定烫发方案。

二、发型轮廓与层次的结合

烫发的效果与剪发有着直接的关系。发型层次低，发卷堆积量感就低；发型层次高，发卷堆积量感就高。

表 5-1-1　发型轮廓

发型轮廓	体现图形	表现风格
方形轮廓		重心位在低处,长度较短。侧面较平,整体呈四角形。
"I"字形轮廓		重心位在低处,长度较长。侧面较平,整体呈现"I"字形。
"A"字形轮廓		重心偏低,并有稳固的重量感、安定感。
菱形轮廓		能调和立体感与锐利感。
倒三角形轮廓		重心位在高处,低处的厚度较薄。能清楚看出倒三角的形状。
圆弧状轮廓		整体呈圆润感,长度偏短。大多能看到蘑菇头系的风格造型。
"S"形轮廓		重心位在侧面,中段有着较细的"S"形轮廓。长度为短发至中长发之间。

三、上杠手法设计

(一)向上平卷

图 5-1-1　向上平卷

1. 梳理成水平状态。
2. 水平摆杠。
效果:打造向上的水平扩散面。
作用:用于中短发或打造外翻效果。

（二）饱满前卷

图 5-1-2　饱满前卷

1. 杠具与划分线斜摆45°。
2. 杠具摆放前高后低。
作用：用于打造饱满、向前的纹理。
效果：打造流向向前、重量向后的效果。

（三）向下平卷

图 5-1-3　向下平卷

1. 梳理成水平状态。
2. 水平摆杠。
作用：用于顶部呈现散状，烫C、J形卷度。
效果：打造向下水平面的扩散面，扩散面广，凝聚力弱。

（四）饱满后卷

图 5-1-4　饱满后卷

1. 杠具与划分线斜摆45°。
2. 杠具摆放前低后高。
作用：用于打造饱满、向后的纹理。
效果：打造流向向后、重量向前的效果。

（五）收紧前卷

图 5-1-5　收紧前卷

1. 发片向后提拉15°。
2. 工具摆放前低后高。
作用：收紧发干，卷度向前。
效果：一般用于U形区以下打造向前流向。

（六）收紧后卷

图5-1-6 收紧后卷

1. 发片向前提拉15°。
2. 杠具摆放前高后低。
作用：收紧发干，卷度向后。
效果：一般用于U形区以下，打造向后流向。

（七）直立前卷

图5-1-7 直立前卷

1. 梳理成水平状态。
2. 水平摆杠。
作用：用于中短发或打造外翻效果。
效果：打造向上的水平扩散面。

任务实施

1. 小组合作，分析丽莎的发质情况，为她推荐烫发方案。
2. 练习上杠手法。
3. 以角色扮演的方式，为同学设计发型。

任务评价

任务评价卡

	评价内容	分数	自评	他评	教师点评
1	能叙述发型修剪与烫发之间的联系	10			
2	能正确运用卷杠的手法	10			
3	能根据顾客的需求，给出合适的烫发建议	10			
	综合评价				

任务二　洛丽塔发型的修剪与分区

任务描述

小露是一位非常可爱的小女生,圆圆的眼睛,白净的皮肤,特别讨人喜欢。美发师根据她的气质,为她推荐一款洛丽塔发型,让助理小杰为她做卷杠前的准备。

任务准备

1. 认识洛丽塔风格的特点。
2. 自主学习洛丽塔发型的分区方法。

相关知识

一、洛丽塔风格发型的修剪

一款少女感极强的洛丽塔发型,当然少不了刘海的修饰。此款发型整体轮廓呈现圆弧型,内部结构采用低层次修剪,表情区域配合刘海制造动感的中层次,让整个发型呈现出俏皮可爱的风格。

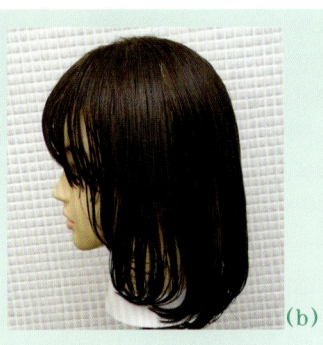

图 5-2-1　修剪效果

二、洛丽塔风格发型的烫发分区

分区能够让卷发更精准、方便,对于根据顾客头颅的特点、烫发需求,通过发型表达情感有着重要作用。

(一)刘海区

先将头发梳顺,根据头颅基准点位置,找到刘海深度点与两眼外眼角,将这三点用弧线连接,分出刘海区。

图 5-2-2 刘海区

(二)顶区

从刘海深度点至黄金点处分出菱形区域。菱形的大小可以根据顾客的需求和头颅的特点设定,此区域作为发型动感呈现区。

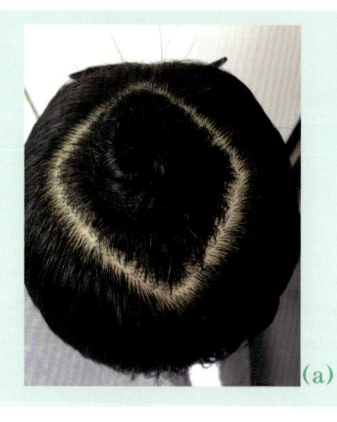

图 5-2-3 顶区

(三)侧区

从刘海深度点至耳前点用斜线连接,分出发型的表情区域,用于修饰脸型。再从菱形的边线至耳后点用竖线连接,分出发型的侧区,用于制造发型的横向宽度。

98

另一侧用同样的方法分区,保持左右对称。

图 5-2-4　侧区

(四)后区

将剩余的后区纵向分为三等份,中间区域为后区的突出部分,两后侧区用于收紧脖颈处。

图 5-2-5　后区

任务实施

1. 小组讨论,派代表讲述洛丽塔风格的特点。
2. 认识发型修剪层次与卷的关系,做洛丽塔发型的基础修剪。
3. 练习洛丽塔发型的分区。

生活 烫发

任务评价

任务评价卡

	评价内容	分数	自评	他评	教师点评
1	能叙述洛丽塔风格的特点及适合人群	10			
2	做洛丽塔发型的基础修剪	10			
3	能在规定时间内完成洛丽塔发型的分区	10			
	综合评价				

模块五　烫发的设计

任务三　洛丽塔发型的卷烫

任务描述

小露的头发已经做好了修剪,此时她希望自己烫好的头发不需要到美发沙龙打理,洗完头发吹干就能成型。美发师需要做好卷杠大小、方向的设计。

任务准备

1. 收集洛丽塔风格的发型图片。
2. 自主学习洛丽塔发型的卷杠技巧。

相关知识

一、洛丽塔发型卷杠的操作方法

(一)工具、产品的准备

准备好要用的工具和烫发产品。

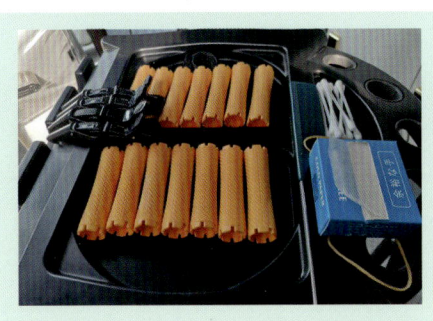

图5-3-1　常用物品

101

（二）卷杠的操作步骤

1. 从后区开始，枕骨以下的两个卷0°提拉，向外重叠卷。第三个卷45°提拉，向内重叠卷。

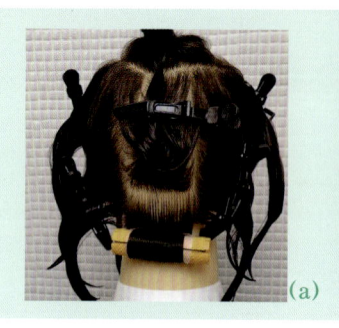

图5-3-2　步骤1

2. 后侧区第一、二个卷0°向外重叠卷，注意两侧的发尾方向要一致。第三个卷45°提拉，向内重叠卷。

图5-3-3　步骤2

3. 侧区以0°向内卷，发尾向后。耳上区域，第一个卷0°提拉，向内重叠卷；第二个卷45°提拉，向内重叠卷；第三个卷90°垂直于地面提拉，向内重叠卷。此区域需要两侧有蓬松感，角度会逐渐增高。

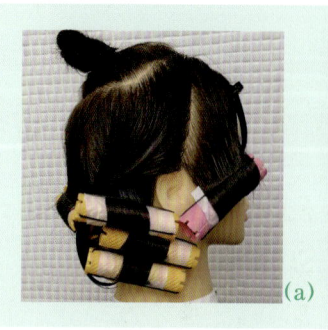

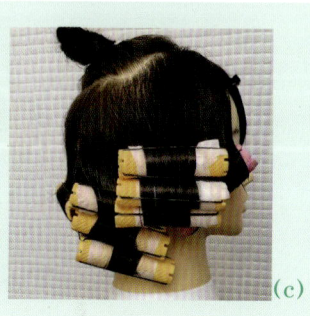

图5-3-4　步骤3

4.刘海区垂直于地面提拉,向内重叠卷。可以根据需要分成两个发片卷,卷杠的大小根据需要选择,一般选用一圈半至两圈的卷杠大小。

图5-3-5　步骤4

5.顶区根据卷杠直径的大小按"之"字形分片,垂直提拉,向内重叠卷。

图5-3-6　步骤5

6.前区、侧区、后区的效果图。

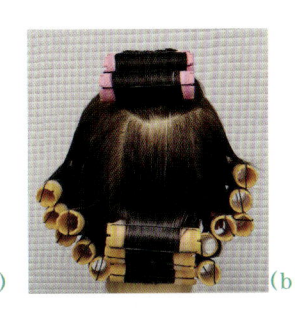

图5-3-7　步骤5

7.完成的效果图。

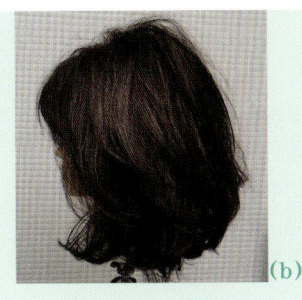

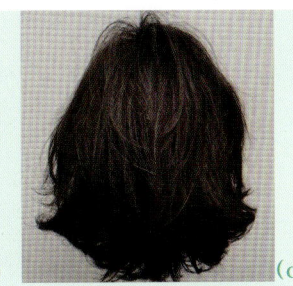

图5-3-8　步骤6

二、真人卷杠的流程

(一)沟通交流,确认发质

看:取出一片头发,对着光看透明度和颜色。
触:用指腹去触摸,了解发质的健康程度。
问:询问顾客的烫染历史和居家打理情况。

(二)洗发

做过造型、出油过多的头发,洗发时不可用力挠头皮,不用护发素。

(三)湿发状态下再次确认发质

了解硬度:针对漂过色的头发。
检查摩擦力:针对黑油、离子烫及染发。

(四)裁剪

根据需要适当裁剪。

(五)烫发处理

补水补油,使头发处于均匀状态。

(六)卷杠

一是进行发型设计;二是进行卷杠设计。

图5-3-9 卷杠和发型设计

（七）上药水

根据需要涂抹药水。

图 5-3-10　上药水

（八）试卷

药水的峰值在 15 到 18 分钟，提前 5 分钟试卷。将卷杠拆掉，检查花型的弹性。

图 5-3-11　试卷

（九）中间冲水

去除头发当中残留的药水。为避免时间差，先将全头快速冲洗一遍，再单根冲 5～10 秒。水温不宜过高，水压不宜过大，上第二剂之前先将水分吸干。

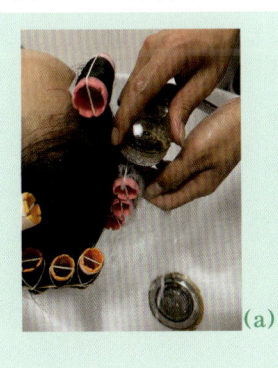

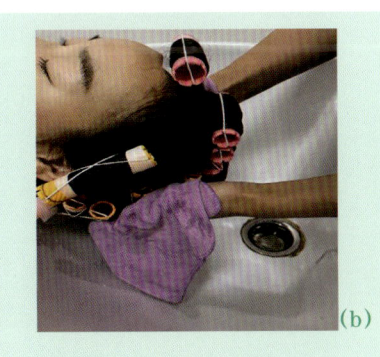

(a) (b)

图 5-3-12　冲水

（十）上定型剂

定型的时间在 10 分钟左右。第一遍上完 5 分钟后，上第二次。第二剂涂抹的位置从低到高。

图 5-3-13　上定型剂

（十一）拆杠冲水

呈螺旋退杠。水温不宜过高，水压不宜过大。

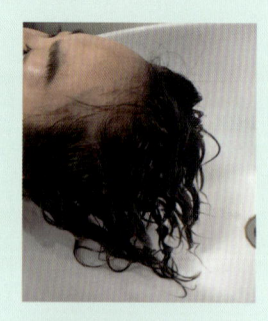

图5-3-14　拆杠冲水

（十二）上烫发剂后护理

上烫发剂后对头发进行护理。

图5-3-15　护理

（十三）造型

根据设计方案进行造型。

(a)　(b)　(c)

图5-3-16　造型

任务实施

1. 小组合作，练习洛丽塔发型卷杠的方法。
2. 小组间竞赛，在规定时间内完成卷杠。
3. 寻找模特，为真人卷杠、涂抹药水并洗吹造型。

任务评价

任务评价卡

	评价内容	分数	自评	他评	教师点评
1	能正确运用卷杠的角度与方向	10			
2	能在规定时间内,独立完成整头的洛丽塔发型卷杠	10			
3	能根据药水的特点,正确选择等候的时长,规范地烫发	10			
	综合评价				

模块习题

一、单项选择题

1.(　　)的上杠手法,用于打造饱满向后的纹理。

A.向上平卷　　B.饱满前卷　　C.向下平卷　　D.饱满后卷

2.(　　)的上杠手法,用于U型区以下,打造向前花型。

A.直立前卷　　B.直立后卷　　C.收紧前卷　　D.收紧后卷

3.洛丽塔风格发型的烫发分区分为(　　)大区。

A.6个　　B.7个　　C.8个　　D.9个

4.卷杠过程中,需要将头发收紧的区域是(　　)。

A.顶区以下　　B.刘海区　　C.枕骨区以下　　D.侧区

5.在涂抹烫发液时,针对正常发质,第一剂的等候时间为(　　)分钟。

A.5~10　　B.10~15　　C.15~20　　D.20~25

二、判断题

1.在烫发时,美发师会根据顾客的喜好、穿衣风格及发质特点等,为其设计合适的发型。(　　)

2.卷杠时,顶区根据卷杠直径的大小进行"之"字形分片、垂直提拉、向内重叠卷时,可以让顶部头发蓬松。(　　)

3.烫发效果与剪发有直接的关系,发型层次低,发卷堆积量感就高。(　　)

4.发型轮廓为"A"形时,重心偏低并有稳固的重量感、安定感。(　　)

5.从刘海深度点至耳前点用斜线连接的区域称为表情区,用于修饰脸型。

(　　)

三、综合运用题

请描述冷烫的整个流程,并按照流程为模特烫一款发型。